ベランダガーデンのつくり方　決定版

动手打造
阳台花园

How To Start a Veranda Garden

主妇与生活社　编著

谢迟　译

中信出版集团 | 北京

图书在版编目（CIP）数据

动手打造阳台花园 / 日本主妇与生活社编著；谢迟
译 . -- 北京：中信出版社，2021.1（2022.3 重印）
ISBN 978-7-5217-2456-1

Ⅰ . ①动… Ⅱ . ①日… ②谢… Ⅲ . ①阳台—观赏园
艺 Ⅳ . ① S68

中国版本图书馆 CIP 数据核字 (2020) 第 226044 号

VERANDA GARDEN NO TSUKURIKATA KETTEIBAN
Copyright © SHUFU TO SEIKATSU SHA CO., LTD. 2017
Chinese translation rights in simplified characters arranged with
SHUFU-TO-SEIKATSU SHA CO., LTD through Japan UNI Agency, Inc.,
Tokyo

本书仅限中国大陆地区发行销售

动手打造阳台花园

著　　者：主妇与生活社
译　　者：谢迟
审　　校：阿咕
出版发行：中信出版集团股份有限公司
　　　　　（北京市朝阳区惠新东街甲4号富盛大厦2座　邮编　100029）
承 印 者：北京盛通印刷股份有限公司

开　　本：787mm×1092mm　1/16　　印　　张：6　　　字　　数：100千字
版　　次：2021年1月第1版　　　　　印　　次：2022年3月第2次印刷
京权图字：01-2019-3789
书　　号：ISBN 978-7-5217-2456-1
定　　价：58.00元

前言

无论是住在普通住宅、高级公寓，还是公房，
只要拥有一个阳台，
你就有机会栽种鲜花绿植，
把这里变成"阳台花园"。

布置阳台花园看起来容易，
所以许多人往往抱着随便的心态开始动手，
然而阳台与庭院有很大区别，
实际操作起来困难重重。
比如缺少土壤、光照条件差、面积狭小……
问题还不止这些。
做规划时你还需要保留逃生通道，
同时尽可能考虑邻里的感受，
避免给邻居添麻烦。

即使有如此多的不便，
但只要肯下功夫，你仍可以打造梦想中的小庭院，
拥有一片属于自己的"绿洲"。
再摆上茶具，瞬间就能营造出咖啡店的温馨氛围。
置身于植物的世界，
好似在林间悠然踱步。
即使只是看一眼身边的植物，
心灵也会得到治愈。

好了，让我们一起开始打造阳台花园的美妙之旅吧！
从此告别简单地排列花盆。
第一章开始，我们会介绍阳台花园达人的经验供你参考，
相信经过一番改造，
你家的混凝土空间
也可以变身绿意盎然、生机勃勃的"迷你花园"。

目录

第一章 CHAPTER 1

5位达人的阳台花园

首先,我们来参观一下达人们的"庭院",
这里处处隐藏着打造阳台花园的小贴士。
有的庭院展现出纯粹的自然风,
有的则变身为精致漂亮的白色怀旧风,
有的和植物搭配出让人眼前一亮的趣味,
有的用老旧家具营造出别具一格的空间,
还有的百花争艳令人赏心悦目。
这些凝聚匠心的阳台很难让人不为之心动!
请先找出你想要参考的对象吧。

废旧风 *Junk*

资　料
面　积：横向7米×纵向1.8米
光　照：南向偏西，光照良好
植　物：橄榄树、棕叶苔草、黑法师、常 　　　　绿大戟、夏雪（藤蔓月季）等

白色风 *White*

资　料
面　积：横向5米×纵向1米
光　照：东南向，光照良好
植　物：薰衣草、常春藤、橄榄 　　　　树、薄荷、褶边型三色 　　　　堇等

自然风 *Natural*

资　料
面　积：横向4.3米×纵向0.85米
光　照：东南向，光照良好
植　物：百合花、香雪球、香叶 　　　　天竺葵、高山草莓、东 　　　　北堇菜等

繁花风 *Flourish*

资　料	
面　积：	总共三块空间，包括3.3平方米的近正方形区块以及3.3平方米的长条形区块
光　照：	正南朝向，光照良好
植　物：	大花三色堇（黑杰克三色堇）、铁线莲、玫瑰、木香花、圣诞玫瑰（铁筷子花）、橄榄树、丹麦风铃草（乙女桔梗）、山桃草、水仙等

画卷风 *Panorama*

资　料	
面　积：	横向5.6米×纵向1.6米
光　照：	朝南，光照良好
植　物：	天竺葵、薰衣草、圣诞玫瑰、羽衣甘蓝、花毛茛（芹叶牡丹）等

自然风 Natural

K女士(埼玉县)基本不需要打理的阳台花园

打造阳台花园的初衷，更多的是出于对大自然的向往，
倒不是因为喜欢园艺。
这些植物不用打理也长得很好，或许正是它们顽强的生
命力，让我每天早晨看到它们就变得充满活力。

资 料
面 积：横向 4.3 米 × 纵向 0.85 米
光 照：东南向，光照良好
植 物：百合花、香雪球、香叶天竺葵、高山草莓、东北堇菜等

"我对园艺一窍不通，所以也不怎么打理。光是看着眼前的花草，我就打心底里高兴。"K 女士说着，脸上洋溢出笑容。当初阳台园艺兴起时，K 女士就动手把格子门刷成了蓝色，还在吊盆里混栽植物。"虽然看起来也蛮可爱，但总觉得少了点什么。有次回老家，沉醉在大自然之中的喜悦，令我决心要在阳台上重现这份感动。"

从那以后，在福岛出生长大的 K 女士，就把她故乡的原野、田间小道的风景，作为自家阳台花园的原型。比如混栽搭配，让人联想起杂草丛中探出脑袋的小花，也使阳台上充满农家小院的景致。

暑假长期不在家时，K 女士会和邻居约好，轮流给花浇水，这也成为一段美好的回忆。"是阳台花园，让我们彼此熟络了起来。"

连接厨房后门的小阳台。早晨，在厨房与阳台之间来回四次，给花花草草浇水，已经成了我每日的必修课。清晨的阳台清新怡人，而橙黄色夕阳下的阳台同样魅力无穷。

在植物与植物之间，种上自己喜爱的小花，是 K 女士自成一派的混栽秘诀。

朋友送来一束香叶天竺葵，我把它扦插到土里，如今开花了。（它长出根的时候，着实让我感动了一把！）

高山草莓的花和果实都分外可爱。用草莓新芽扦插的苗都分开种在各个花盆里。

坐在餐厅里，从敞开的厨房后门望向阳台，是我每天的乐趣。

用防腐木搭起的拱形门，每到夏天就与两侧的植物一起变身成一条绿色隧道。自制的帘子，巧妙地遮挡住与邻居之间的挡板。

"每天早晨我都会
和植物们说说悄悄话。"

用双面胶在铝质门的两面粘上 2 毫米厚的胶合板，并刷以蓝色涂料。玻璃窗上镶 2 厘米宽的装饰条，做成格子框。

最近，K 女士三岁的小孙子会主动提出要去郊外野餐，他们常常把凳子搬到户外吃午餐，有时还会一起制作小花束。打造一个能感受到自然的空间——K 女士的这个构想，似乎也在她的小孙子心里，埋下了一颗热爱自然的种子。

东北堇菜会让人在脑海里浮现出春天被染成粉色的田间小道。别看它好像弱不禁风的样子，其实非常好养。

"我希望感受自然的风景，
而非经过人工雕琢的模样。"

香雪球花形圆润，十分惹人喜爱。它们会地毯式铺开生长，清香迷人。

上排（从左到右）：用鸟笼状吊花篮栽种大花绣球，悬挂起来观赏。绣球花不仅可以做鲜切花，还可以做干花，是花中之宝。/ 关门歇业的古董店老板转让出一些旧材料，给它们装上脚，就成了花台和长凳。/ 利用弯曲的 L 形管道，制作临时桌子。/ 在风雨的洗礼下，红褐色砖块被磨掉了棱角，显得更有质感。

下排（从左到右）：把枯萎的叶子和凋谢的花瓣收集到篮子里。平时捡得勤快些，就能减轻打扫时的负担。/ 随意摆放的农业用具和绿色的植物非常相称。/ 随着春天来临，垂盆草原本泛红的叶子逐渐变绿，并开出黄色的小花。垂盆草是景天科植物，皮实好养，非常适合新手。"我们通过简单的扦插、分株，就可以为植株扩繁。"

模仿要点

49 年房龄的老公房。纵向的格子栅栏不会妨碍采光和通风。拆解格子门，贴到栅栏上，布置成农场风，或放在原木椅子上，呈现各式各样的变化。

阳台一端有个空调室外机。用木饰面围住机箱，留出通风口，机箱上方可以做成工具间，用来堆放园艺道具。

地面模仿原野古道，铺上了一些旧木料，往里走，纵深的小道由砖块完美地呈现出来。

在晾衣绳上挂上帘子，就能打造出令人梦寐以求的凉棚，还可以起到防紫外线的作用，真是一举两得！

拆解旧屏风，用卸下的木板包裹突出来的管道，剩下的板材则用来包住栅栏的顶部。

白色风 *White*

A女士(兵库县)与室内设计遥相呼应的阳台花园

我希望自己的阳台和室内设计形成统一的风格，
所以无论是花器还是篱笆都选用了白色。
每天我就像照顾自己的孩子一样，
用心呵护、欣赏每一棵植物。

资 料
面 积： 横向5米×纵向1米
光 照： 东南向,光照良好
植 物： 薰衣草、常春藤、橄榄树、薄荷、褶边型三色堇等

如此漂亮、美观的空间,让人无法想象它原本只是拥有45年房龄的公房晾衣台。刷成蓝色的格子门在白色复古风阳台上,显得别致而前卫。

由于喜欢薄荷的香气，仅薄荷这一类，我就在阳台上种了包括摩洛哥绿薄荷、苹果薄荷在内的 7 个品种。

在成员众多的常春藤家族中，银边常春藤属于稀有品种，它的斑叶具有一定的观赏价值。

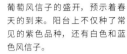

葡萄风信子的盛开，预示着春天的到来。阳台上不仅种了常见的紫色品种，还有白色和蓝色风信子。

花瓣起伏的褶边型三色堇。随着春天的脚步临近，"褶边"的特点会表现得愈加明显，花形华丽，甚是可爱。

仅能容一人通过的小型阳台。百叶窗、架子等园艺装饰背景材料，不必专门购置新的，将室内闲置的物品拿来改造，是花园主人的必备技能。

把原本用作玄关隔断的百叶窗移到阳台，固定在水管周围的框架上。

让阳台也能有露天花园的氛围。

仿佛是从外文书里蹦出来的画面……"仅仅把目光停留在这一处，我就觉得心满意足了。"

藏在后门外的秘密花园。能够立体展示的梯形花台，是从"绿色杂货铺"（售卖绿植和园艺杂货的品牌连锁店）购买的。

阳台就是晾衣服的地方——17年前A女士对此深信不疑。直到参观了朋友的露天阳台，她的想法才发生了巨大转变。

"真没想到，用一点格子窗装饰阳台，植物看起来就变得更加活泼可爱了！当时我心里就想，打造一个这样的小阳台应该不难。"

从那以后，改造阳台的想法变得一发不可收拾，A女士不仅在阳台上布置了格子窗，还翻新了便宜的杂货和家中闲置的物品……阳台让本来就喜欢做手工的 A 女士着了魔，这里从此彻底变成她种植喜欢的植物和享受手工乐趣的地方。

"刚开始我是把红陶盆和黑色花盆混在一起用。最近为了与室内设计相映成趣，我便将阳台花园的主题换成了统一的白色复古风。我在家里教学生们制作钢丝工艺品，他们都很喜欢我的阳台花园，这也成了我打造阳台的动力。"

面积仅有 3 个多平方米的秘密花园，即使在如此小的空间里玩园艺，同样能滋养你的心灵。

经常挑战一些新品种的植物。

门上挂着的袖珍园艺工具。常年经历风雨的侵蚀，锈迹斑斑的外表，诉说着不一样的美感。

上排（从左到右）：把旧式玻璃灯罩放在制作盆景用的浅盆里。漂浮在透明玻璃灯罩中的花瓣和绿叶都显得格外美丽。/ 水龙头是园艺的必需品，会令人联想到庭院里安设的饮水站。后面的木板是 A 女士自己手工打造的。/ 以在院子里筑巢的小鸟为蓝本制作。小小的鸟蛋由黏土状纸浆手工制作而成，实在是太逼真了！/ 重瓣郁金香的新品种，花形非常华丽。

下排（从左到右）：漂亮的空易拉罐，能起到强调色的作用。"我喜欢那种略带灰的颜色，会让人联想到巴黎。"/ 旧式秤盘也能作为园艺小道具。/ 随风摇曳的薰衣草，风情万种，令人浮想联翩。/ 可爱的波形花边煤油灯，据说是竹久梦二（日本知名画家）喜欢用的物品。

模仿要点

把木框和百叶窗粘在一起制成平板，再用钢丝把它固定在公房特有的纵向格子栅栏上。搭成 L 形的板材，架在栅栏上做花台。因为位置在一楼，这样做还能起到遮蔽视线、防盗的作用。

上排（从左到右）：用钢丝把白桦木固定在水管的卡扣上，挡住露出来的管道。白桦木是从杂货铺购得的。/ 地面铺上旧砖块。选择大小不一、形状各异的砖块，像拼图一样填满。/ 在空调室外机侧面，立一张配色绝佳的水蓝色广告牌，挡住不协调的物品。

废旧风 Junk

Y女士(大阪府)杂货同样能当主角的阳台花园

我曾走访许多店铺学习取经，
发现了杂货和植物混搭的乐趣。
在木板的主基调上用工业金属强化主题，
打造出一个极具个性的空间。

资 料

面　积：　横向7米×纵向1.8米
光　照：　南向偏西，光照良好
植　物：　橄榄树、棕叶苔草、黑法师、常
　　　　　绿大戟、夏雪（藤蔓月季）等

"这里是我的大型庭院式盆景。里面自然有我喜欢的植物，还有一些杂货和手工制品，全部囊括其中。"

别看 Y 女士如今说到阳台花园便侃侃而谈，过去刚开始投入阳台的建设时，她对植物的选择和装饰方法几乎一无所知，一度担心自己没法养好植物。为此她去了很多店铺，并发现把杂货和植物混搭，可以营造出可爱的效果。而真正激发她开始钻研背景布置的，是一个木箱。"我选择了一个底部呈网状的菜筐。它除了不会遮挡光线外，透气性也好，我很喜欢。"

Y 女士不仅在背景布置上花费了很多心思，在植物养护上也比常人倾注了更多的努力。比方说浇花，她通常会都用手感觉土壤的湿度，根据情况决定浇水的量。随着季节更替，日照发生变化，她会相应调整植物摆放的位置。此外，植物的移栽都在春秋两季进行，以免给植物造成过多的负担。正是这样不辞辛劳地细心呵护，才使得 Y 女士家的阳台花园枝繁叶茂，处处生机勃勃。而遍布周身的负氧离子，则让人感到舒适、清爽。

山野井女士不仅借鉴了园艺店的经验，还造访咖啡店、古董店收集灵感。钢筋铁骨和旧木材，完美地呈现出工业时代的复古感，勾勒出当代最潮的布鲁克林风格。

从落地窗向阳台外眺望的布局。统一室内的装饰基调，与阳台的风格相吻合。

金叶苔草叶色优美，叶形纤细，秀美飘逸，极富观赏性。适合中性风的庭院。

糕点模具、铁皮杂货，都可以作为景天科及多肉植物的容器。

朱蕉细长的彩色叶片，呈放射状向四周生长。常作为混栽时的点睛之笔。

黑法师天生散发着一种神秘的美感，许多人都对它爱不释手。直立茎、莲座状的叶片排布，是其主要特点。

拥有可爱圆叶的铜钱草，放在杯中水培。

将植物高低错落摆放，呈现立体感。

将梯子倾斜放置，营造一种动感。

刚铺好时还是红褐色的地面，经过岁月的洗礼后更显美丽。

上图：等待登场的花盆也有展示的舞台。

右上排（从左到右）：把标识牌等小物件固定到木箱底部的金属网上。/ 橄榄树的叶子稀疏略显孤寂，可以用一块花园木牌挂在枝头稍做修饰。

中排（从左到右）：木箱前一字排开的多肉。水壶形装饰和装迷你花盆的钢丝工艺品都是手工制作的。/ 锡盒内收纳着肥料、椰土等园艺用品。它同时也是重要的背景元素。

下排（从左到右）：饮水站的水龙头换成复古的式样，和整体的风格统一。裸露的管道用木箱遮挡，再将车轮立在最外侧。/ 天然材质的卫生工具，能够充当装饰品，增加空间活力，让人感觉到生活的气息。/ 露出水泥灰浆的外壁，用木箱挡住，做成多肉角。

如今，Y 女士经常以阳台花园建造者 "RIKA" 的身份，参加相关活动，并在研习会上发言。

"手边只要有常春藤和木箱，
就能打造阳台花园！"

模仿要点

>>>>>>> <<<<<<<

把屋内看得到的右侧阳台，作为花园空间，而通向厨房的左侧阳台，则充当晾晒场所。地面铺的是不易腐烂的炭化木，下方垫有塑料栅格，每年移动一次植物和地面板材，对阳台进行清理维护。

从左到右：由于不喜欢花园与晾晒衣物混在一起，晾衣架被整体搬到屋内看不到的位置，并悬挂于高处。/ 把装咖啡豆的麻袋，改造成帘子，挡住隔板。/ 直接安在地面上的空调室外机，吹出的热风不利于植物生长，经过物业的允许，如今架设到阳台的上方。/ 在固定木饰面的五金件外侧裹上软管，避免由于雨水导致生锈而污染外墙。/ 在管道外侧挂网，让多花素馨缠绕攀爬，从视觉上弱化管道。

画卷风 *Panorama*

N女士（神奈川县）全景式阳台花园

在被植物和杂货包围的阳台上，
旧式家具似乎也找到了它们的容身之地。
如此热闹的花园，
一整年都绿意盎然。

阳台左侧的晾晒区域，尽量少放置盆栽，以杂货的陈列为主，可使晾晒不显麻烦。像桉树（尤加利树）这种长得较高、易受强风吹袭的植物，都放置到窗边的那一侧。

天竺葵对种植环境的适应性很强,除去盛夏和冬季外,其余时间能够开花不断。15年前开始种天竺葵,运用扦插繁殖,如今已培育了3大盆。

重瓣的花毛茛,花瓣层层叠叠,繁复绚丽。花期结束后,可干燥球根,待10月再次播种。

资　料		
大　小：	横向5.6m×纵向1.6m	
光　照：	朝南,光照良好	
植　物：	天竺葵、薰衣草、圣诞玫瑰、羽衣甘蓝、花毛茛(芹叶牡丹)等	

生日时朋友送来的圣诞玫瑰。绚丽的色彩,十分惹人怜爱。

在布置阳台左侧时,用凳子和花架呈现高低差。通过两排不同高度的植物摆放,让整个场景呈现丰富的层次感。在隔板上贴几张小鸟啼鸣的粘纸,气氛突然就活泼可爱起来了。

左图：木饰面高低错落有致，富有情趣和韵律，是用以前住所的门板改造而成的。

下排（从左到右）：这里吊挂的是高山草莓，又名金色亚历山大，是高山草莓的一个新品种。漂亮的青橙绿色叶子相当罕见。/ 把客厅的长椅移入阳台，突显阳台的狭长。/ 这个装饰有水龙头的花台，是前一位住客留下的，现在用来栽种头花蓼。

天气晴朗的时候，
能望见远处富士山的景致。

没有墙壁或立柱的遮挡，从屋内向外望去，景色一览无余，让人心旷神怡。

"以前住的房子，在征得那里的物业同意后，我不仅在阳台上种了不少植物，就连过道和台阶旁也都被我种的植物占领了。"N 女士就是这样一名狂热的园艺爱好者。两年前，当她决定搬到现在的公寓时，阳台的面积和光照还称不上令人满意。经过大规模的房屋修缮，其间虽然有过中断，她仍在短短一年后，打造出了绿意盎然的空间，而这全都要仰赖于她对植物的热爱。

N 女士种植的多为宿根花卉和多年生草本植物，初衷源于她希望能够常年栽培这些植物。她还告诉我们，挑选植物时，不要被花朵、花苞的生长情况所迷惑，挑选枝干挺拔、枝叶繁茂的植株，是栽培出健壮植物的秘诀。"可能就是这个缘故，这里的植物从未枯萎过，一整年都郁郁葱葱。三色堇这两年来更是不断开花，越发叫人怜爱了！"

N 女士每天早晨醒来的第一件事，就是走到阳台做深呼吸。感受植物的生机与活力，神清气爽地开始新的一天。

从客厅向阳台看去，只见阳光穿透嫩绿，枝叶随风摆动，岁月静好的感觉油然而生。

园艺可真有趣，原先打算用于装饰室内空间的古玩，同样可以运用到阳台上。

模仿要点

挡墙是用略带紫色的砂浆砌成的，显得不够美观。我们可以把外侧的墙壁做成砖块风格，地面铺上天然花砖，这样一来就能和绿色植物搭配协调，操作起来也十分简单。

上图：将以前阳台上的格子门倒置，在 L 形压条上放上砖块固定。
右上图：两边的隔板，用与花草相称的墙纸进行装饰。
右中图：因为木饰面曾经被大风刮倒，花盆和植物因此遭殃，所以要用绳子把晾衣架牢牢固定住。
右下图：铁质花架下面用两条木板垫着，可以防止因雨水或浇花导致的生锈，以及在地面留下环形的污渍。

"还可以作为猫咪散步的小径。"

老式电视机和绿植的搭配别出心裁，显示屏的色调刚好与绿色相称。

柔和色调的油漆，可以用强调色营造氛围。椅子是从清里的乡村集市上买的。

茶点时间赏赏花，是最幸福的
时刻。利用转角处得天独厚的
优势，栽培一些攀缘植物，令
它们爬满墙面，宛若庭院赫然
出现在眼前。

繁花风 *Flourish*

O女士（兵库县）百花争艳的阳台花园

由于受到母亲的影响，我从小就非常热爱植物。
之所以选择通风条件好的南向阳台，
也是因为希望足不出户就能享受绿色生活。

资 料	
面　积：	总共三块空间，包括3.3 平方米的近正方形区块以及3.3平方米的长条形区块
光　照：	正南朝向，光照良好
植　物：	大花三色堇、铁线莲、玫瑰、木香花、圣诞玫瑰（铁筷子花）、橄榄树、丹麦风铃草（乙女桔梗）、山桃草、水仙等

左图（从左到右）：在花盆下阶梯状铺放砖块，在保证良好光照的同时，兼具通风效果。/ 一到春天，大花三色堇不约而同吐露芬芳。种上不同颜色的三色堇，瞬间令人目眩神迷。/ 在水龙头下方，摆上装满水的水缸，看起来就好像清澈的净水即将涌出。

"我打理阳台花园已经有20年历史了，
然而直到如今，
每当花朵盛开，我仍然会感动不已。"

右图：大花三色堇容易受到蚜虫危害，针对如何预防，O 女士采用的方法是，直接将"杀虫灵"（乙酰甲胺磷，是一种低残留有机磷杀虫剂）喷洒到土壤表面。

下图：这里的窗户，是 O 女士画在三合板上的画。用园艺工具等杂货稍做装点，消除呆板沉寂的气氛。

沐浴着和煦的阳光，花朵随着徐风微微摇晃。O 女士的"小院子"一如往常，色彩缤纷的花儿，给人一种愉悦的享受。

O 女士打造她的阳台花园，已经有 20 年之久。她之所以会踏上养花之路，源于当年阅读了一本园艺杂志《我爱养花》。从那以后，花的魅力就使她着了迷。"当我翻开杂志的一瞬间，儿时母亲辛勤劳作的庭院仿佛映入眼帘。于是我开始思考，是不是同样也可以把阳台打造成花园。"所以购置房屋时，她特意选了阳台朝南的户型，不仅朝向好，通风效果极佳，还有转角房间利于花园布置，另外，高层还不容易受到害虫的侵扰。

在地面铺上木板，将原来的混凝土地表隐藏起来。这样做还能防止夏季的强光反射，可谓一举两得。

O女士的住宅位于8楼。铁线莲和玫瑰都冒出了新芽，令人翘首以盼它们盛开的那一天。

即使是一棵小小的植物，也拥有生命，所以要用心呵护，尽量不使它们枯萎……

这棵丹麦风铃草，即使在阳台上越冬，依然长得郁郁葱葱。匍匐生长的植物，适合放在小盆中栽培。

马口铁水壶和铁铲，都是母亲在世时常用的物品。小耙子翻土时特别好用。

虽说一切似乎尽在掌控之中，但20年漫漫养花路，O女士仍旧遇到过花草残败，困难也在所难免。在反复研究日照、浇水、施肥等方面后，如今的花园才得以诞生……

"台风临近时，我会把栏杆附近的花盆移到地上，以免花草遭殃。每两年要给植物换一次盆，松土以增加土壤的透气性，同时再施一些肥料。所以你瞧，这里的植物个个都朝气蓬勃！"

O女士不仅巧用杂货搭配布置，还善于营造协调舒适的空间。"每年当花儿们盛开，我悬着的心也终于放下来。"过不了多久，她最喜爱的玫瑰和铁线莲，就要竞相绽放了。

模仿要点

阳台护栏附近背阴，往往又热又潮湿。O女士在护栏附近种的花草，有很多也遭遇过枯萎的状况。"花盆里的泥土，不但会被风吹散，还会乱飞，飞到阳台外。除此之外还要注意，浇水时要考虑到楼下住户。"

安装悬挂花盆的框架时，使用可以用螺丝调节宽幅的五金件，固定到护栏上。

多肉植物越冬期间，可以在护栏上加盖寒冷纱用来防寒风和挡雨水。

在土壤表面铺盖树皮碎片，能防止泥土飞散，还能有效预防土壤干燥。

Q. 怎样隐藏空调室外机？

当阳台被布置得绿意盎然时，空调室外机就立即被突显了出来。

本来阳台空间就有限，它不仅与环境格格不入，体积还十分庞大，

对于园艺爱好者来说，绝对是个大麻烦！下面我们就来介绍解决这个难题的方法。

空调室外机被密实地遮盖住了。再在其上方搭上支架，四周悬挂盆栽，花草因此也有了可以立体展示的舞台。

由栅格搭成的罩子，不仅把空调室外机成功地隐藏了起来，上面还能摆放花架台，真是非常棒的设计。

看看脚下、台面，还有背景处的木饰面和窗框……如此逆向思维，让空调室外机摇身一变，成为阳台花园的主角。

这张照片里的机箱罩子也是手工打造的。看起来好像一间小木屋，可谓别具匠心。它的高度是精心设计过的，所以侧面也能用作展示台。

A.1 想办法遮住空调室外机

阳台打理得越是整齐，空调室外机就越是显得扎眼。正因如此，机箱罩子就变得必不可少。而且，好好利用它，还能增加植物的展示空间，绝对一举两得。机箱罩子可以采用木栅格或木箱，自己动手制作，但千万不要因此导致空调故障。新手不妨购置成品试试。

A.2 巧妙运用好看、大小合适的空调室外机罩子

市面上销售的空调室外机罩子，有的不仅能做到防腐、防虫，在牢固性和承重方面，相比自己制作的，也让人更为放心。不过在购买前，一定要记得先测量自家室外机的尺寸。

横格子型
京町家草黄色

长 102 厘米 × 宽 41 厘米 × 高 90 厘米
92 124 日元

空调室外机罩子的作用，不仅在于设计的美观性，还在于它能避免机箱受到强光直射，让空调的制冷制暖效果达到最佳。这款产品不会挡到出风口，用户可以放心使用。

精致木板型
自然松木

长 98 厘米 × 宽 46 厘米 × 高 91 厘米
85 212 日元

这款产品，能将灰尘、枯叶等拦在扇叶外面，防止杂物卷入导致机械故障及效率降低的问题。由于材料选用的是松木，非常适合自然风格的庭院。加上材质坚固，也可作为操作台使用。

EC01
空调室外机专用架

长 85.6 厘米 × 宽 33.6 厘米 × 高 82cm 厘米
4480 日元

该款设计轻盈，所以也适合用于迷你阳台。它的重量很轻，运输极为方便。侧面没有任何遮盖，丝毫不必担心热量聚集。台面可用作操作空间。

木制
空调室外机罩

长 85 厘米 × 宽 35 厘米 × 高 76.5 厘米
7980 日元

台面上能放置花盆或花架台，还可以作为园艺操作台。木材采用 ACQ 防腐、防虫剂进行处理，因此其防腐、防虫效果可维持相当长的时间。

A.3 作为植物、杂货的展示空间

阳台上的装饰空间十分有限,但其实你有所不知,空调室外机箱是得天独厚的舞台!空调室外机罩子上不仅可以放置花盆,如果它足够牢固,在上面立一个架子也是不错的设计方案。

A.4 收纳阳台洒水管

水枪在阳台花园里用起来非常便利,大部分人会考虑购买,然而买回来往往又会发现,洒水管的收纳成了难题。本图案例中选用了蓝色与白色两种色调,极富自然情趣。

A.5 配管同样能天衣无缝地被隐蔽起来

不经意间抬头就看到空调配管,的确是件很烦心的事。照片当中的配管,用麻袋包裹,再在外侧缠绕仿真常春藤。停留在上方的小鸟,也十分引人注目。

A.6 用铁丝把杂货固定到配管上

把木饰面、木框架直接放在空调室外机罩子上会不太稳固,这时可以用铁丝将它们固定到配管或排水管上。看起来空空荡荡的墙面,也因此有了生机。请注意,上方物品的重量不要过大。

专栏1

用垂直绿化保护植物
免受阳光直射

垂直绿化近来已经为大众熟识。让攀缘性植物长成像窗帘的模样，遮住日光，不但可以控制室温的上升，还能帮我们保护阳台上的植物。

三得利公司开发的"真正的蔬菜"系列产品"生态苦瓜"。该品种是用作垂直绿化的不二选择。

　　炎炎夏日，太阳散发出耀眼的光芒，强烈地"攻击"着我们，相信此刻的你，恨不得一头钻进阴凉的地方。要是正好躲入树荫下，更觉舒适清凉。想在阳台、窗边实现这一效果，那就离不开垂直绿化的帮助。只要让攀缘性植物长成窗帘的模样，就能借此挡住日光。它不只能抑制室温上升，穿过树叶间隙吹来的风，还能送来凉爽，让室内温度变得舒适宜人。

　　具有攀缘性且生长迅速的植物都适合用作垂直绿化。其中，苦瓜、牵牛花的应用最为普遍，但也有些人会种植迷你甜瓜，这样还能感受到不一样的收获喜悦。

　　随着每年采用垂直绿化的家庭逐渐增加，相关的品种开发也在日益增多。我们可以像案例中介绍的，选择"生态苦瓜"这类生长迅速的品种。它们长势迅猛，一天一个样，绝对会让你难忘！

仅仅过去40天，它们就变得如此繁茂！

垂直绿化的种植时间为4~5月，最迟6月开始种植。照片当中，右侧的为普通苦瓜，左侧为"生态苦瓜"。两者同时种下，生长速度的差别显而易见。

6月5日"生态苦瓜"刚刚定植（上图），经过大约40天，于7月17日拍摄的下图可以看到，2.8米高的架子已经被它们覆盖得满满当当！

第二章 CHAPTER 2
诗情画意的阳台景色

这里真的是阳台吗？
当你拉开房门的瞬间，或者透过窗户向外瞧，
眼前映入的景象好像是隐约传来鸟儿鸣啭的森林，
又似乎是一家环境优雅、恬静的咖啡店。
接下来将为你展示的就是如此令人惊叹的阳台，
一时之间你会不知自己身在何处。
首先请你欣赏的，
是生活家青柳启子的经典阳台作品。

仿佛忘记身在何方。
好像迷失在森林之中，
又似踏入一家春色满园的咖啡店。
让我们一起来参观，
这个与阳台一词似乎相去甚远的
诗情画意的空间吧！

上图（从左到右）：透着白色，可爱迷人的迷你蔷薇，品名绿冰。花盛开初期呈浅粉色，随后逐渐变白，最终转为淡淡的绿色。／蛇葡萄结成的果实，呈现出绿松石蓝、粉红、紫红等五彩斑斓的颜色，犹如天然宝石一样光彩夺目。

"其实我并没有花太多心思打理。"青柳启子说道。
眼前如此漂亮的景色，有谁能够相信这里竟然是阳台？

上左图：正在享受日光浴的迷你番茄。果实红彤彤、闪闪发亮，给人一种朝气蓬勃的感觉。野蓝莓、迷迭香、留兰香等植物也在茁壮成长。

上右图：山葡萄的果实虽然很小，但是硕果累累。

下图：窗台边，在形态敦实、涂有温和白釉的 "Astier de Villatte" 陶瓷中，插入几朵小花。它们与阳台上的绿色互相衬托，好像一幅画卷。

　　"它们知道这里有好吃的。"说这句话的人，是我们绿色乐园的主人青柳女士。这座乐园位于公寓七楼，按理说这样的高度虫子够不着，可以放心了吧！没承想，到了秋天一旦树上挂着的果实展现出成熟的颜色，就被不知从哪儿飞来的鸟啄了去。看来它们在天空中，真的在用心侦察啊！

　　它们看上的八成是葡萄吧！瞧瞧这里，山葡萄、蛇葡萄、巨峰葡萄等，各种各样的葡萄花盆在窗台边一字排开，藤蔓不知不觉就覆盖到了阳台边缘。除此之外这里还种有橄榄树、柠檬树、蓝莓，等等。植物翠艳欲滴的时候、花朵盛开后楚楚动人的时期，以及果实逐渐成熟的季节，这个能让你充分感受到四季更替的地方，仿佛一座小小的果实天堂。

　　摘下树上结的橄榄，把从法国购买的小壶塞得满满的。丰收的喜悦顿时涌上心头。

茶室风

Tea Room Style

迎面是绿色氧吧咖啡厅的氛围。
在绿色的怀抱之中，
神清气爽地品尝早餐的滋味，
让甜点的美妙弥漫整个味蕾。

OPEN

CAUTION
PATROLL

左图：巧妙借景阳台对面的茂密树林。每当踏入此处，你都会不由自主想要做几个深呼吸。
上图：蔷薇曼妙的身姿，不经意间充当了阳台的围墙，挡住对面的道路，创造出一方自由的空间，你大可放松地饮茶或享用午餐。

白色风
White

当下流行的阳台，一般以白色为基调打造空间，抑或是营造棕色系的废旧风格。其中，白色墙壁结合白色餐桌椅组成的白色花园，不仅外观优雅，还能用作第二个小客厅，尤其受到大众偏爱。

白色也有多种，然而，既能搭配鲜嫩的绿色，还能与艳丽的花朵相得益彰的，当然要数复古白了。这种白，可以略微有些掉漆，到处有生锈的痕迹……有意识地选择用久了、有年代感的物品。

上图：个头高高的日本白蜡，能够挡住外部视线，起到保护隐私的作用。餐桌椅原先是绿色的，如今重新粉刷成了白色。

左图：清晨 7 点，夫妻二人相对而坐，一边享用早餐，一边开启新的一天。阳台上种有日本白蜡、橄榄树、银荆等树木和草本植物，比起热闹盛开的鲜花，它们更能让人感受到自然的风景。

最内侧的白色墙壁，好像森林之中隐藏的
秘密小屋……这也是白色的效果之一！

从繁花满园的阳台，改头换面到以绿叶植物为主
的绿色花园。绿植被白色背景衬托得更加鲜亮。

在嫩绿的植物与鲜花的环绕下，甚至会将脚下繁
华热闹的都市忘得一干二净。在这里喝上一杯红
茶，味道一定好极了。

绿色咖啡风
Green Café

　　每日忙碌的生活，需要一个能让人轻松舒一口气的空间。比如到咖啡店里点上一杯咖啡或红茶，配上店内美妙的氛围，别有一番风味。这样的一方绿洲，如果搬回自己家中，会呈现出右图的模样。想象一下，你一边在小桌旁休憩，一边欣赏近在咫尺的植物，因压力而疲惫的身躯，似乎也得到了一丝放松。为了使冬季的阳台显得不那么空荡和萧条，多种植一些宿根类植物和多年生草本植物是关键所在。

上图：并不是只有在阳台上种植大量的开花植物，才能感受到四季更替，逐渐长大的娇嫩绿叶，同样能治愈你的心灵。观叶植物和多肉植物，不需要花费太多精力养护，这也是它们的优势之一。

左图：都说阳台是繁忙的主妇唯一能够独处的场所。其实，对于每一个忙碌的人而言，在阳台喝茶休息的时间都是不可或缺的。

宽阔的屋顶平台。由于楼顶风大，所以花盆都沿着墙壁摆放。长椅下方满满的都是等待长大的植物幼苗。

地面用砖块铺盖，原本单调的墙壁用格子门和木板装饰。能够坐在这里享受饮茶时光，实在让人好生羡慕。

你不仅可以惬意地翻阅外文书籍，还能坐在椅子上仔细地为植物做整形和修剪，而花艺工具都放在触手可及的地方。就连生锈的剪刀，也是一道别样的风景。

房间外面的风景

The View From my Room

从屋内也能观赏到风景，同样是阳台花园的有趣之处。

越过窗户、越过房门展现的景色，

让房间也显得更宽阔了。

忙碌家务的余暇，一抬头突然看到这样的景色，该有多么舒心……

这是公寓全面装修时，照着在欧洲所见的花园风景施工的实例。左图：铺上赤陶地砖的室内露台（或称内阳台）与阳台的格调显得统一协调。上图：从古老的法式窗户向外望去，竟然不记得自己正身处大都市的公寓中。

房门

Door

从室内向外望去的景色，可以不仅限于"越过窗户"，"越过房门"一样有惊喜。如果你刚刚才开始种植花草，不如先装点房门周围的部分，每每看到它们茁壮成长的样子，养花的热情定能提升不少。房门好比一个纵向的画框，将室内投射出的视线聚焦，眼前自然会呈现出一幅美丽的风景画。房门全开是一种形式，或者打开八成，西洋书画风油然而生。来给生活添加一些魔法吧！拉开门，仿佛闯入一座茂密的丛林……

上排（从左到右）：花卉与植物的搭配，要优先考虑从餐厅投射的视角。你可以以坐在椅子上的视角，决定盆栽的摆放位置。/ 将阳台上一些长得过于茂密的植物，摆在高一些的花架上，放到窗边造景。/ 当春天降临，金雀花的枝梢上便会开出一簇簇黄色的蝶形花，阳台一下子就热闹了起来。

越过餐桌
Over the Table

说起从室内望向阳台，多数情况是从客厅通往阳台的落地窗望出去的吧？下次要改造自己的房间布局时，试试在这个出入口附近放上餐桌。这样一来，享用一日三餐，也变得像是在装修考究的咖啡店或餐厅中一般。尤其当你家的阳台过于狭窄无法放置餐桌椅时，更值得一试。拉出餐椅舒服地坐下，越过餐桌把视线投向阳台，全身心似乎都得到了舒展。

"坐在这里望出去真是美极了！"这里的布局堪称完美。

窗户
Window

和房门一样，落地窗同样具备画框的效果。相对于房门，落地窗的展示区域更大，对新手而言难度也更高一些，但日后的成效绝不会辜负你的辛劳。从屋内可见的，不光有阳台上的布置，像窗帘、窗边摆设的家具也都属于风景中的一部分。包括室内装饰，所有目光所及之处，都能体现阳台花园的趣味。换句话说，不在视野范围内的部分，适当偷工减料也没问题！

上图：在巨大的落地窗周围，运用高花架台、小木箱，悬挂一些杂货，再把庭院中的绿色植物，像画框的镶边一样摆放。右图：高高挂起的篮子也成了构图的一部分。左下图：一张小桌子和一把小椅子就能挤满的狭小阳台，透过窗户望出去，似乎也变得旷阔而舒适。

问与答 Q & A

Q. **如何实现阳台上既有养花的空间，同时又不会影响晾晒？**

很多人想在阳台上种满植物，但这样一来，就会遇到衣服、被子没地方晾晒的窘境。除此之外，被子、衣筐等大型物件，在阳台上拿进拿出的时候，也可能会粘上泥巴，或者因此不慎撞翻一旁的花盆……

如果阳台足够宽阔，只要把晾晒和养花的空间划分开就行。假如家里的阳台没有这么大的地方，可以参考以下三种方案。

A.1 仅对从室内看得到的部分进行绿化布置

其实主人只在室内看得到的地方装饰了植物，阳台两端都用来晾晒衣物。从屋内看不到外面晒着的衣服，不会产生杂乱的感觉。

A.2

**把靠墙的区域
作为展示区**

把植物和杂货紧凑地排列于墙边，
腾出中间的空地晾晒衣物。

A.3 有效利用格形篱笆

右图：在晾晒区域周围，布置格形篱笆悬
挂植物。晒衣服的时候，墙边的植物尽量
选择长得矮小的。下图：从客厅向外看去，
丝毫不见晒衣服的痕迹。

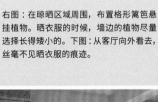

Q. 阳台上应该怎么打扫卫生呢?

与庭院不同, 泥土、花瓣、叶片会令阳台的使用体验大打折扣。尤其是位于公寓楼的阳台, 要是不做清理, 楼下的住户可能会不堪其扰。所以为了预防不必要的麻烦, 一定要记得经常清扫。

直接用吸尘器打扫当然没问题, 当然你也可以把旧报纸撕碎, 弄湿后撒到地上, 再用扫帚扫掉, 同样有不错的效果。在你用水前, 请确认楼下是否正晾有衣物或被子。

A.1

把打扫用具展示出来, 需要的时候马上就能用!

不要把打扫用具收纳起来, 而是放在阳台上, 那样看到就会随手打扫一下。

选择簸箕口角度能够自由变化的簸箕, 它们更灵活, 操作更便利。你也可以挑选一些具有设计感的簸箕, 这样还能装饰, 体现杂货的趣味。

频繁使用的物品, 可以放入搪瓷缸中。选用一些具有装饰性的搪瓷缸, 直接作为杂货装饰完全没问题。

枯萎凋谢的花朵, 摘下来放到设计美观的容器或篮子里。在考虑物品实用性的同时, 也要注重它们的外观。

A.2

旧的厨房刷子是清理沟槽的利器

住在公寓楼, 如果一下子放水冲刷地面, 会影响到楼下住户。一些边角的地方, 不必用水冲刷, 可以直接用厨房刷子等工具清洗。

A.3

用迷你扫帚把残花和叶片清扫干净

阳台上需要的工具很零碎, 但其中一定不能少了迷你扫帚。地面上掉落的叶片、残花, 栏杆扶手上积落的灰尘, 只要看到就可以用迷你扫帚随手清扫干净。

第三章 CHAPTER 3

提升植物魅力的背景布置

着手打造阳台花园，

在植物慢慢增多的同时，

似乎总觉得好像少了些什么。

这，其实就是背景布置。

单纯陈列花盆的阳台，还不能称之为阳台花园。

用装饰覆盖原本了无生气的地面和墙壁，

在此基础上摆放盆栽、花架，一幅画卷便自然呈现于眼前。

让我们一起来布置这样的舞台吧！

木箱 BOX

无论是自然风还是废旧风，

阳台花园都不能没了木箱的身影。

一来木箱可以避免花盆孤零零地直接放置，

二来移进移出也很方便。动动手，利用红酒木箱或小家具，

为植物们搭建一个舞台吧！

用木箱遮盖墙面

右上图：木箱底部加了编织网，更加通风，是植物生长的理想环境。

下图：用几个不同的木箱，排列重叠摆放，自然而然盖住单调的墙面。装饰空间也得到了显著增加。

方便搬动同样是一个优势

护栏内侧等相对光照、通风较差的地方，用木箱装饰会更放心。这样方便定期将植物和木箱一起"换位"到阳台上。

选用相同的物件制造统一感

这个设计用了 14 个红酒木箱，将它们排列起来。形状和颜色各异的木箱组合起来，废旧风瞬间显现，如果使用相同的木箱，自然的空间则会随之而生。

木箱的"站立方式"也要考虑

木箱从横放换成竖放，表现高低落差感。在通风良好的场所，则适合选择稳定的横向摆放。

悬挂物品的舞台

曾经收粮食时使用的木箱，迎来了它的第二个春天。在网上挂 S 形挂钩，用来悬挂小物。

用作花架台

木箱充当花架台，轻松制造高低落差，阳台一角瞬间呈现出立体感。

悬挂

这是去除红酒木箱底面，铺上金属网后的改良品。用 S 形挂钩简单悬挂即可。

GREEN
TRIVIA
小 知 识

红酒木箱

红酒木箱可谓是阳台上的宝贝。直接竖放木箱，做成花架台，或在木箱里倒入泥土，当花盆用，都是不错的选择。你甚至可以去掉木箱底，搭上木架或编一张金属网，重新创造新用途。还可以刷上油漆，使它焕然一新。

绿植舞台 2

悬挂 HUNGING

对于空间有限的阳台而言，

墙面也是极佳的展示舞台。

木饰面、格子门这些无法覆盖的部分，

用尽可能多的植物或杂货装饰起来，

能够轻松地消除立面的单调感。

以棕色的栅栏为背景，搭配上麦秆篮。

灵活运用栅栏

原有的围栏不必再铺设格形篱笆，直接在上面挂上 S 形挂钩，来悬挂杂货或植物。这里采用了多种颜色的布局，看起来活泼有趣。

GREEN TRIVIA

小知识

S形挂钩

想要在栅栏、扶手上挂花盆，或装饰架子时，S形挂钩是必不可少的。特别是攀缘性植物，甚至是翡翠珠、爱之蔓等向下垂吊的植物，都可以用 S 形挂钩为它们搭建展示的舞台。

用コ形五金件固定在扶手上，同时也不会破坏扶手原有的样子

上图：用コ形五金件，把木饰面固定到扶手下方的混凝土墙面上。在其上方可以挂架子或篮子。如此一来，木箱的上方、下方，以及木饰面的上方，就诞生了3层展示区块。

右上图：用一个小木门，自然地把植物与晾晒区划分开来。

右下图：该固定方法，只需松开螺栓即能简单取下コ形五金件。

搁板也可以做悬挂展示

用废旧木材做搁板，固定到木饰面上。搁板的上下部分，都能成为展示舞台。

将提灯装饰在高处

提灯是最近兴起的一种装饰品。里面放一盏小蜡烛，浪漫而有情调，放小型盆栽植物亦会有另一番味道。

把室内用的架子放到阳台上

厨房中不再使用的餐具架，还可以在阳台上大显身手。用久的餐具架更显独特韵味。

从扶手垂下木栅格

上图：遮住扶手的木栅格，是用固定在栅栏上的五金件悬挂在此的。架子、搁板便能在这个狭小之地，挑起美化空间的大梁。而攀缘性植物也能占上一席之地。

右图：固定得相当牢固，即使是狂风骤雨也坚不可摧。

绿植舞台 3

篱笆 FENCE

能自然柔和地遮住阳台扶手，
还能使墙面成为大型展示空间的，
就是木质格形篱笆或网格架。
一定要牢牢地固定住以防被风刮倒！

格形篱笆和网格架

两者都是带有格子的隔板。它们可以用来引
导攀缘性植物生长攀爬，或在庭院中用于划
分空间，在阳台上则是覆盖墙面的利器。两
者的区别在园艺界并没有那么大，总体而言，
网格架更倾向于装饰用途。

用格形篱笆装饰原本死气沉沉的围栏

在混凝土部分，磨砂玻璃做的围栏上搭建格形篱
笆，能一扫其单调与乏味，还能悬挂杂物或盆栽。

小号搁板是加分项

用格形篱笆遮住围栏，再在其上方架设一个通风、
透光的小号隔断式搁板。

悬挂篮子

左图：在阳台上，悬挂花盆这件看似寻常的事，也同样耐人寻味且富有乐趣。正因如此，格子篱笆就显得尤为实用，能够固定五金件，方便悬挂。你可以任意挂上心爱的小篮子、鸟笼或植物架，并陶醉其中。

右图：格形篱笆顶上挂了植物后，下方虽照不到阳光，却变成杂物的放置空间，同样是一块宝地。

照不到阳光的地方，是杂货的立足之地

将格形篱笆粉刷成白色

遮住裸露的混凝土

在裸露的混凝土墙面上，安置格形篱笆并用专业的コ形五金件固定。

这里放置栅栏的初衷，是为了防止自家养的猫通过阳台跑到隔壁家里去。如今它成了悬挂植物的宝贝。

正因为阳台不够大，格形篱笆才显得必不可少。如果把买来的格形篱笆刷成白色，更能提升自然质感。从室内看出去，也会给人一种全新的感觉。无论是栽种玫瑰的旧式花盆（右下图），还是餐具（左图），皆因后面的白色背景，存在感才得以突显。

用木栅栏充当木饰面

上图：在铁栅栏上固定木栅格，消除材料的生硬感。除了木栅格的表面，顶部同样能装饰植物。左图：把多肉装入百元店买的蛋糕模具中。涂上木蜡油翻新表面。右图：在格子铁篮里铺上椰棕丝，防止里面的泥土散落出来。由于排水性良好，是多肉的理想生长环境。

绿 植 舞 台 4

木饰面 WOOD WALL

田园风室内设计中必不可少的木饰面，

是为点缀室内墙面而产生的。

然而，如果将木饰面覆在阳台墙面或栏杆上，

阳台就会瞬间摇身一变成为第二个客厅。

GREEN
TRIVIA

小 知 识

木饰面

木饰面通常是将木板纵向排列，其内侧则像竹席一样钉上横向木板做固定。阳台上用的木饰面板，应尽可能选择较轻盈的材质，同时用五金件牢牢固定，以防被大风吹倒。推荐使用白色，效果更佳。

**同时考虑
室内的视角**

细长的客厅容易带给人压迫感，在阳台上铺设木饰面，能够弱化这种不适感。看上去，好似房间一直延伸到落地窗之外。

右图：金毛菊在花盆中也能良好生长，是适合在阳台栽种的花卉品种。放在转角处，简直完美。
左图：在木栅格上固定仿制水龙头，同时嵌入两扇小窗。

GREEN TRIVIA

小 知 识

木栅格

木栅格因不易积水，经常在洗衣房或浴室中使用，壁橱内也常会用到它。在阳台上多用于铺设地面，或覆盖在墙面上来打造成木饰面风格。它的颜色不必拘泥于原木色，也可以刷成白色。

敢于运用较高的木饰面，让阳台具有室内风格

上图：选用较高的木饰面，能完全遮挡住阳台外面的光线，连窗帘都可以省了。右图：沐浴在阳台的清新绿意中，在屋内也能感受大自然的拥抱。

用木饰面充当围墙

将 5 片木栅格，用五金件和金属丝固定在铁栅栏上。由于木板较薄，在上面打洞做装饰非常轻松。

藤架与布的组合

阳台上搭建的藤架（藤蔓凉亭），披上一条柔软的白色布料，温柔中带有一丝飘逸，极具法式情调。

也可以轻松遮挡墙壁

这里是阳台的一角。把木箱、杂货聚集起来，就能轻松把扶手遮挡住。通风效果也不错。

绿 植 舞 台 5

室内杂货 INTERIOR ZAKKA

阳台和怀旧复古的氛围很搭。

换句话说，适合摆放一些经历岁月风霜、涂料逐渐剥落的物品。

你家有没有闲置的家具或杂货？

让它们暴露在风雨之下，个中情趣会随着时光流逝而逐渐显现。

椅子是植物的黄金搭档

椅子除了能让你坐下来歇歇脚，放在角落里还能成为一个亮点。左图：孩子用的小凳子，用来做多肉植物的展示台。中图：一个生锈的椅子，不需多加修饰，仅仅放在阳台上，就能给阳台带来怀旧的氛围。右图：在石缝间填一些泥土，种上天使泪铺盖地面。加上花园椅子的衬托，视觉上空间立刻被成功拓宽。

阳台是客厅的延伸

用室内使用的隔板、篮子装点阳台，会令阳台与室内融为一体。

洗脸台

洗脸台同样也是能够立体装饰植物的物件。其中，搪瓷制品和植物的搭配属于完美组合。

与屋内不搭调的杂物

旧式招牌放在房间里会显得过于突兀，然而放到阳台上，却意外地相衬。

老式砖块

用室内翻新时发现的老式砖块作为展示生锈秤盘、铁锹的舞台。

问与答 Q & A

Q. 不喜欢人工合成材料的地面怎么办？

阳台不是天然场所，和庭院不同，没有办法离开人工材料。

混凝土地面免不了闯入视线，即使用花架装饰，依然风趣尽失。

下面我们将介绍一些实用的方法来解决这些烦恼。有些商品还具有不错的排水性能。

不过需要注意，千万不能将地上的逃生通道堵住！

如果你住在公寓，请在确认物业的规章制度后，再引用方案。

木栅格铺于地面，并在花盆周围排列一些砖块，
英式花园的风格立刻呈现了出来。

地面积水会造成木块的腐蚀，
还容易招惹蚊虫。所以这里
使用白色木板做成木栅格，有
利于排水。

Wood

A.1 采用木板或铺设木栅格
增加花园的自然情趣

直接裸露的混凝土地面，不仅美观程度大打折扣，
还会遇到一系列问题。比如，将花盆直接放在地
面上，热量传导快，容易对植物造成负面影响。
铺设地面的材料多种多样，对于自然的空间而言，
木材可以说是最为适宜的，其中尤以古木风最具
人气。

Floorpanel

A.2

市售地板的排水性能更好

木板、赤陶砖、瓷砖、人工草皮……
阳台上能用的地板材料五花八门。购
买前事先测量好自家阳台的面积，并
计算出需要购买的地板数量。地板
铺设不到之处，可以用木箱等物品盖
住，简单又方便。

这里采用了木质地板，不但美观，而且排水性
良好。木板排列有序，阳台便显得更为宽阔。

左侧照片中的阳台，铺的是边长 30 厘
米的正方形木板，可以用美工刀灵活
切割。

如果家里有宠物，那么阳台还可以作
为它们的游戏场所。铺设地板后，猫
咪就能更加开心地在阳台上散步了。

在墙面贴上室外用的花砖，地面用赤陶砖铺盖，把原本灰色的混凝土部分全部遮盖起来，营造出一个能够衬托绿色植物的空间。

Terra cotta tile

A.3 铺上赤陶砖后，整个空间仿佛变身为第二个客厅

只需铺上赤陶砖，阳台立刻就会脱胎换骨，好似第二个客厅。赤脚走在上面，心情也得到了舒展。不过在施工前，请务必确认好阳台的重量限制，尤其当你住在公寓楼时，一定要提前做好功课。

这里的设计构造，是让水直接从瓷砖上方流走。另外通常而言，逃生用的挡板前不会放置家具。

下图上：铺地面的要点是从一端开始铺起，无论铺设的是瓷砖还是其他材料。请在涂上黏合用的水泥后，再铺瓷砖。下图左：水泥上铺好瓷砖后，填补接缝处。溢出的部分，要在干燥前仔细清理干净。下图右：边缘、角落的处理往往比较难，一种方法是不铺，或把瓷砖切割成合适的大小铺设。

左图为时尚生活杂志《我的 Country》(日本)策划的 DIY 挑战中的参赛作品。作品中运用了 12 升的核桃壳(右上图)和不同颜色的砖(右下图)各 20 块,打造出欧式乡村风格。

这是组合运用木板和人工草皮的一个例子。木板中嵌入的仿真植物,看起来好像真的有新芽从地底下冒出,让你不知不觉迷失在阳台上。

铺上木板、砖块和核桃壳,自然的感觉油然而生。核桃壳原本在园艺中,就是经常用来代替碎石的地面覆盖材料。它们很轻巧,和阳台花园是绝配,而且排水性也很不错。

Combination

A.4

融合砖块与木板,
小小阳台也能拥有
与真正的庭院不相上下的景色

铺装材料的运用,除了能消除地面原本冷冰冰的感觉,还能装点空间、美化环境。尤其当几种不同材料组合运用时,就像你在本页中所看到的一样,它们的完成度之高,几乎让你忘记眼前的风景竟然只是阳台的一角。不过,在动工前千万要记得核对阳台的重量限制。

能够轻松让地面大变身的物品推荐

BEST 9

下面介绍的都是深受阳台园丁们喜爱的商品。

根据自家阳台尺寸来亲自铺设木板或瓷砖，确实非常与众不同。

选择下面这些拼接式材料，只需简单操作，一眨眼的工夫，就能使地面变得十分美观。

硬木拼接式片材

（巴劳木·6板条）

表面使用耐久性好的硬木（巴劳木材）。天然木材。300 毫米 ×300 毫米 ×25 毫米 /739 日元

橡皮垫砖

（棕色）

并非拼接式，而是薄布状，所以安装起来更方便。废旧轮胎回收再利用材料。1000 毫米 ×1000 毫米 ×30 毫米 /4612 日元

硬木拼接式片材

（巴劳木·12板条）

表面选用硬木材料。适合方格图案的设计。天然木材。300 毫米 ×300 毫米 ×25 毫米 /739 日元

踏板型片材

（石板灰）

不仅逼真还原了木材的质感，即使淋上了雨水，踩上去也不易脚下打滑。不同方向摆放也很好看。树脂材料。300 毫米 ×300 毫米 ×24 毫米 /600 日元

踏板型片材

（红木色）

和左侧的材料只是颜色上的区别。选用同一系列的不同颜色，将它们交替排列也很不错。树脂材料。300 毫米 ×300 毫米 ×24 毫米 /600 日元

拼接式橡胶片状垫

（红色）

具有一定弹力，还能充当缓冲材料。适用于砖块风格的设计，无须道具即可施工。橡胶材料。300 毫米 ×300 毫米 ×25 毫米 /665 日元

拼接式片材

（MIX3）

这款外观洁净的拼接式片材，完全不需要复杂的安装操作。光脚踩上去十分舒适。300 毫米 ×300 毫米 /415 日元

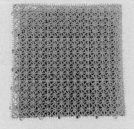

拼接式人工草皮

（绿色）

1 片仅需 88 日元，超级物美价廉的人工草皮。新手也可以用此款材料做设计练习。树脂材料。300 毫米 ×300 毫米

踏板型片材

（浅褐色）

该类产品中最受消费者青睐的一款。浅色不容易掉色，非常推荐。树脂材料。300 毫米 ×300 毫米 ×24 毫米 /600 日元

第四章 CHAPTER 4

杂货×植物的装饰方法

阳台的基础布置告一段落后，
就要开始着手展示植物的魅力了。
展示植物魅力的最佳帮手便是杂货。
市面上销售的园艺物件的确表现出众，
但把植物放入身边的杂货，
或将在百元店买来的杂货改造成花盆，
更能突显主人的艺术修养。
马口铁、篮子、鸟笼……
利用各式各样的杂货，
充分发挥你的创造力吧！

买一些不同颜色、不同大小的茶壶，按照系列组合摆放，会自然形成具有协调感的空间。

Pot

● 位置移动起来更方便

● 打扫起来也轻松

● 依次排列后好像一张画卷

阳台不能像在土地上那样直接栽种植物，所以花盆就成了阳台的必备物品。

而其中，能够轻松搬运的小花盆，称得上是阳台的主力军。

即使单独一个也可爱动人，好几个集在一起或整齐排列，一样吸引眼球。

初学者可以先从不同的花盆开始练习，从而不断提升自己的园艺水平。

这里陈列的全部都是循环利用的罐子，运用统一的铁锈质感，搭配出协调的韵味。这类罐子与多肉植物特别般配。

浴室架

原来放在卫生间的物品。它的搪瓷白、显眼的商标，加上方便拆分，非常适合用来搭配植物。

长柄勺

这个充当多肉植物栽培容器的"汤勺"，受到了许多园艺爱好者的追捧。手柄能够悬挂，方便装饰。生锈的汤勺同样魅力无穷。

备着会更方便！

内里有涂层的麻袋，可以做花盆的罩子。碰到台风等恶劣天气，需要将花盆从阳台移进屋内时，它可以帮上大忙。

用系列形成统一

要点是集合三个以上的同系列物品。你可以粉刷或让它们一样带有锈迹，制造统一感。

锅

用久废弃的锅可以直接用来栽培植物，或套在花盆外面。让藤蔓缠绕把手也是增加情趣的方法之一。

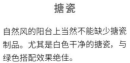

搪瓷

自然风的阳台上当然不能缺少搪瓷制品。尤其是白色干净的搪瓷，与绿色搭配效果绝佳。

篮子

篮子通常可以直接用来做花盆，或套在花盆外面。排水孔可以自己用工具开。

Big

- 多利用庭院物品
- 一点集中主义
- 家具也可以灵活运用

正因为阳台空间狭小，反其道而行之，放入大型物件也是一个好方法。

在阳台上搭个架子作为立体装饰，放上园艺杂货让阳台看起来好像庭院一景。

试着用合适的物件来搭配盆栽吧！

在一个家具上摆满盆栽，体验立体陈列的乐趣，非常有意思。左上图：优雅曲线勾勒的架子，非常适合装点怀旧风格的阳台角落。右上图：隔层架子能把人们的视线聚焦到小小的花盆上，你值得拥有这样的架子。左下图：人字梯也是阳台花园的常用装饰。上面的花盆错落摆放，能给人带来独有的韵律感。右下图：在隔层架子里放入小型盆栽，周围环绕稍大一些的，紧凑别致。

车轮

很多人喜欢将它作为绿色植物的背景。车轮不厚，几乎不占空间，适合在阳台摆放。

迷你家具

孩子用的家具、小矮桌等，都可以用来陈列植物。抽屉也能成为亮点。

栅栏

精致的线条，使栅栏光是立在那里就能成为一幅画。生锈后还会增加其趣味性。

手推车

能令阳台充满园艺劳动的气息，推车里面可以摆放茂密的植物，看起来富有生机。记得选择装饰用的小型推车。

蔬菜盒子

仿造运输蔬菜用的木箱制成的蔬菜盒子，透气性良好，作为展示台正合适。

备着会更方便！

和庭院一样，在阳台上劳作一样免不了蚊虫的干扰。在阳台上放个蚊香，劳动的时候也能安心不少。

无论是迷你小椅子，还是大型杂货或日常用具，只要与庭院物件搭配在一起，就能让原本局促的阳台焕发出自然的气息。

在空罐子上凿洞，穿入铁丝，把罐子悬挂起来。用油漆粉刷更能表现年代感。

Junk

- 情趣逐渐显现
- 与多肉植物搭配绝佳
- 重新改造的杂物同样漂亮

铁制品经历风吹雨打，
会呈现出陈旧、腐朽的面貌。
它们逐渐腐朽，伴随着植物的生长，
带给你每日的惊喜与感动。
试着选择锈迹斑斑的花盆或花架，
打造别具一格的花园吧。

空罐子一样能成为美丽的景色，罐子上原有的印刷商标可以保留。随着风雨侵蚀，它们会逐渐与周围融为一体。

多肉植物混栽时，让它们稍稍冒出花盆边缘，观赏效果更好。推荐选用细长形的花盆。

浇水壶

浇水壶的选择不局限于塑料材质，比如马口铁或钢铁材质，随着它们逐渐生锈，还能充当花盆或园艺小道具。让藤蔓、爬山虎缠绕手柄或壶嘴，也非常美丽。

竹篮一样趣味多多！

虽然竹篮不会生锈，但随着岁月洗礼，一样会展现出竹篮独特的韵味。

钢丝篮子

钢丝篮子能够变废为宝，用作花盆的罩子，表现岁月感。在其中铺上椰棕丝，倒入泥土，还能充当花盆。

玛德琳蛋糕模具

可以利用玛德琳蛋糕模具上的一个个小凹陷，栽种多肉植物，或放置小花盆。

缩微模型

缩微模型可以放在隔层架子上，或用来装饰庭院式盆景。它们是表现童趣时不可或缺的配件。

备着会更方便！

诞生于以色列的创意花盆"绿色球"。塑料外壳的中央有个凹陷，可以固定于扶手或栏杆上。凹陷处的宽幅最大可达8厘米。带有接水托盘。

改造

改造空罐子有趣又环保。只要合适，不管什么东西都可以拿来改造。

即使是颜色、设计相差甚远的物品，在经历风雨的侵蚀后，也会逐渐呈现出废旧风格的趣味。

Variety

- 不再使用的东西
- 室内杂货
- 各类杂货

装饰阳台的杂货可以根据你的构想任意挑选。房间里用坏的物品，或因使用太久而感到厌倦的物品，

不妨想想看它是不是能用作花盆，如果它生锈了会变成什么样子。

相信它们一定会为你的阳台，增添一抹新的色彩。

鸟笼

看着鸟笼，耳边仿佛传来清脆的鸟啼声……鸟笼与植物的搭配，在西方的书籍中较为常见。

不再使用的东西

不需要的东西，在扔掉之前想想看能不能把它应用到阳台上。一些掉色、缺损的物品，反倒意外地与植物相称。左上图：饼干盒的盖子。右上图：不再使用的水壶用来当花盆。左下图：不用的花盆，由于颜色相近，把它们排列起来也很雅致。右下图：空瓶子可作为小花瓶。

水泵

水泵本不会出现在阳台上。然而，把打井的水泵放置于阳台，也会显得别具风情。

蛋糕模具

浅底的蛋糕模具，适合栽培多肉植物，也可以在里面装许多小花盆，做成混合盆栽。

窗户

被墙壁包围的阳台，如果装饰一些窗户元素，能让阳台面积看起来比实际更大。

小鸟喂食器

在放置鸟食罐的地方摆放花盆，让藤蔓长长地垂下，随风摇曳的姿态优雅动人。

童趣

把森林仙女、小玩偶、缩微动物等，随意摆放在阳台上。不经意间瞥见它们，心中的喜悦便油然而生。

水龙头

对园丁来说水龙头是必备的元素。这种对水龙头的热爱，还将不断持续下去。

专栏2

用油漆和毛刷把阳台变身迷你花园

BEFORE

公寓楼里司空见惯的阳台，当用了"牛奶漆"
后……

**人气"牛奶漆"的室外用款
诞生了！**

原料中包含牛奶，纯天然成分构成的涂料。
总共14种颜色可供选择。200毫升（1~1.4
平方米的量）/900日元

大家看过前文列举的各种装点阳台的杂货，心中或许多少有些眉目了吧？想要让阳台变身为绿洲，光靠排列几个花盆是远远不够的。通过运用杂货和家具，能够增强植物的魅力，令阳台更加美丽宜人。而塑造空间氛围，当然不能缺少自己动手粉刷油漆。只要充分发挥涂料的优势，就能让阳台空间大变身！

这里想与大家分享的，是 DIY 达人最为熟知的"牛奶漆"。这款涂料经常用来营造复古风，很多手工爱好者们也将其奉为珍宝。唯一的缺点是，以前的牛奶漆不耐风吹雨淋。如今，专为在室外使用所打造的牛奶漆，终于千呼万唤始出来。外面采购来的栅栏、杂货或家具，都可以用它来涂刷，营造怀旧的风格。下面就让我们一起欣赏，牛奶漆给阳台空间带来的巨变吧！

AFTER

❶ 木饰面：黄奶油色　　❺ 花盆：奶茶灰褐色
❷ 小抽屉：黄奶油色　　❻ 格形篱笆：薄荷绿色
❸ 花盆：紫灰色　　　　❼ 椅子：薄荷绿色
❹ 人字梯：橄榄绿色　　❽ 鸟笼：薄荷绿色

❶ 木饰面：黄奶油色
❷ 人字梯：橄榄绿色
❸ 标志牌：薄荷绿色
❹ 窗框：薄荷绿色
❺ 翻新花盆：银荆黄色
❻ 花盆：复古粉色
❼ 迷你浇水壶：蔓越莓红色
❽ 花盆：银荆黄色
❾ 花盆：奶茶灰褐色

AFTER

AFTER

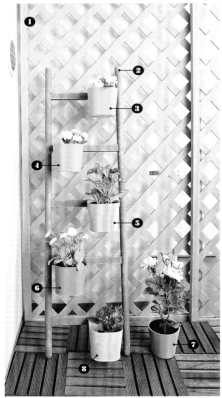

❶ 格形篱笆：薄荷绿色
❷ 梯子：紫灰色
❸ 花盆：薄荷绿色
❹ 花盆：天空蓝色

❺ 花盆：奶茶灰褐色
❻ 花盆：复古粉色
❼ 花盆：奶茶灰褐色
❽ 花盆：银荆黄色

在素陶花盆上涂抹"牛奶漆"的要点

"牛奶漆"直接涂抹在素陶上，比较容
易剥落，所以在此之前需要预涂。直接
涂上"超级底漆"（或按2:1的底漆与水
的比例稀释），让它们充分浸透在素陶
上。待预涂干燥后，再刷上"牛奶漆"。

问与答 Q & A

Q. 如何在冬天也能享受阳台种植的乐趣?

草本植物包括一年生、两年生、多年生草本植物和宿根植物。一年生草本植物,是指在一年期间,经历发芽、生长、开花到枯萎的植物。两年生草本植物,是指在两年内完成一个生命周期的植物。而那些在冬天,地上部分依旧残留有枝叶,到了春天会长出新叶的,则属于多年生草本植物。每年冬天虽地上部分枯萎,地下部分却在土壤中休眠,待合适的时节再度生长、开花的植物是宿根草本植物。如果不按照植物的生命周期选择合适的植物,当天气逐渐转冷,阳台上就会变得萧条凄凉,一片沉寂。

话说回来,不畏严寒、冬天也适合欣赏的,当属多肉植物了。宿根草本植物,到了冬天只剩下根活着,地上光秃秃的,所以推荐选择蓝费利菊(蓝雏菊)这类多年生草本植物,性价比也相对更高。

A.1 用椰棕丝做覆盖

在土壤表面铺上椰棕丝,能起到保温和防霜冻的作用。除此之外,椰棕丝还能减少尘土,预防虫子入侵,是一种一年四季都适用的地面覆盖材料。

A.2 用核桃壳做覆盖

核桃壳也是一种人气十足的覆盖材料。在宿根草本植物、多年生草本植物的土壤表面放一层核桃壳,夏天能防止干燥,冬天则保温御寒,同时防止霜冻。树皮也具有相同的效果。

A.3 "换位置"要勤快

虽说多肉植物耐寒,但我们也要尽量让它们沐浴充足的阳光。平常注意更换它们在阳台上的位置,并且定期移入室内。为了方便移动,可以将需要越冬的植物,事先栽培在稍小一些的花盆中。

A.4 挑选耐寒的植物

多肉植物当然是首选，除此之外你还可以选一些多年生草本植物，例如常春藤、天竺葵、石刁柏、香雪球、康乃馨、非洲菊、蓝费利菊、四季海棠等。其中，阳台常客当数常春藤了，可爱的外表也是令它大受欢迎的原因之一。

A.5 "保暖物品"都是你的得力助手

利用第 72 页上提到的覆盖材料，可以应对土壤干燥、突如其来的温度变化、泥水四溅等问题。树皮（或木屑）、腐叶土、落叶、椰棕丝，甚至是核桃壳……在这么多不同的材料中，选择合适的使用即可。另外，做水槽或玻璃温室，也是解决方案之一。

A.6 用"篷"遮盖

天气转凉后，要经常观察植物的生长情况，条件允许的情况下，尽量把它们转移到室内养护。特别是当温度低于冰点时，植物很容易受到危害。如果不方便更换植物的位置，可以采用塑料温室大棚的方法。另外，将植物放入水槽或玻璃器皿中，一样能起到御寒的效果。

A.7 不管怎样，遮挡一下都好

如果你家阳台不方便搭建像右图这样的遮阳篷，不妨尝试在晾衣架上搭遮阳布，就像搭帐篷一样为植物遮阳。你也可以用塑料桌布、保护膜等材料做临时的"篷"。不过时至今日，随着全球温室效应越来越严重，夏季的酷暑也越来越不容小觑。所以为了植物能茁壮成长，推荐使用能防止阳光直射的遮阳篷。

专栏3

阳台花园的规章制度

假如你住在公寓楼里，那么打造阳台花园就必须遵守一些规则。
最近，市面上有越来越多适合用于园艺种植的阳台出售，
即使如此，也一定不要忘记逃生通道的重要性，它能在危难时刻派上大用场。
打造阳台花园时，我们每个人都要遵守以下5条规章制度。

RULE 1 不能堵住逃生通道！

对公寓楼的住户而言，阳台不仅是居住空间的一部分，还是你和隔壁邻居的逃生通道。当你在设置格子篱笆，或陈列家具、花盆时，记得考虑安全性问题，并留出适当的空间。尤其需要注意，禁止在挡板（易踢破的塑料板）前堆积物品。请把园艺用品放置于转角处，真正安心地享受阳台花园的乐趣。

RULE 2 勤打扫

每次给花草浇水，总会从花盆里掉出一些泥土、落叶或花瓣等。一般而言，阳台花园通常都是造成排水口堵塞的原因之一，所以我们要经常清理排水口。做得更细心一些，我们可以用丝袜或厨房用水槽滤网，覆盖在排水口上，以免垃圾顺着水流流入下水道导致堵塞。打扫的方法，可以参考第44页介绍的相关工具。

RULE 3 悬挂物品不得超出栅栏外

我们偶尔会看到，有些人在阳台栅栏或扶手外悬挂植物。从外面看过去，虽然好像国外的房子一样浪漫漂亮，但这么做其实很危险。万一刮起大风、遇上地震，这些花盆从高空坠落，后果不堪设想。除非花盆固定得极为牢固，一般来说，禁止将物品悬挂到阳台外侧。要知道，掉下去的可能不仅仅是花盆，像尘土、花瓣、落叶等也会从阳台上飘落，落到邻居晾晒的衣物上，一样会给大家带来不便。

RULE 4 浇水尽量恰到好处

给植物浇水时，植物并不是你唯一需要关注的对象，比如还应注意你的邻居。打个比方，如果你给挂在栅栏上的植物浇水，就有可能把水淋到楼下住户正晾在栏杆扶手上的被子上。所以对于悬挂在栅栏上的花盆，可以在浇水前，预先在花盆底装上接水盘。放在其他位置的花盆，在浇水时一样要慢慢浇。

RULE 5 风大的日子要当心

无论是下雨天还是过冷过热的日子，对阳台花园都是一种考验。同样，大风天的应对策略大家也不能忽略，因为大风天吹散的泥土、叶片、花瓣，可能是你无法想象的。除此之外，没有固定牢的花盆也可能被大风吹下楼。遮阳篷、温室也有遭到破坏的风险。平时需要注意收听天气预报，时刻关心天气变化。

各小区的规章制度各不相同，具体请参照各小区物业的要求执行。

74

分 株

第五章 CHAPTER 5
打造阳台花园的基本技巧

想要拥有一个漂亮的阳台花园，

最重要的是让植物健康成长。

如果作为主角的植物长势不佳，

那么再美的环境也无法打造成理想中的"绿洲"。

买来的新苗应该如何种植？

如何混栽植物？

阳台和庭院的种植环境不同，让我们来学习针对阳台的种植方法吧！

植物课堂 1

幼苗移栽的技巧

兴高采烈买回小苗，你是不是直接把它从育苗盒里移到花盆中呢？

今后在你移栽小苗前，请多加一个小步骤。

简单的一步，就能让你的阳台变得生机勃勃。

1 准备好土壤（阳台种植，质量轻最关键，推荐选悬吊式种植用土）、钵底石、钵底网、肥料（缓释型）。

2 为了帮助植物生长，在外面购买的土壤，一般已经配有肥料，我们在此基础上，再添加一些缓释型肥料做基肥。

3 搅拌泥土，混合均匀。用手搅拌更快，如果不想弄脏手，你也可以用小铁锹进行搅拌。

4 在花盆底的排水孔上覆盖塑料网，有利于排除多余水分，防止植物根部腐烂。

8 梳理底部的白色根须，轻轻地松开它们。

9 仔细确认土壤表面和小苗的生长情况，剔除垃圾，摘掉枯叶，把小苗整理干净。

10 把小苗放入花盆。土壤表面比花盆边缘低 1 厘米以上（水位线）最佳。然后倒入泥土，调整高度。

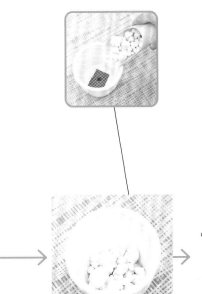

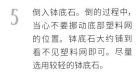

5　倒入钵底石。倒的过程中，当心不要挪动底部塑料网的位置。钵底石大约铺到看不见塑料网即可。尽量选用较轻的钵底石。

6　从育苗盒中取出小苗。对于大多数植物来说，直接把土球取出即可，不必将根部的土壤剥离。

7　调整花盆中的土量，预留1厘米左右高度的水位线，确保浇水时泥土不会流失。

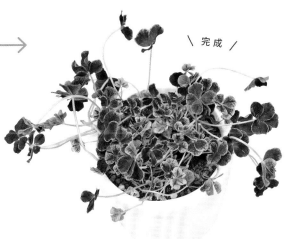

＼ 完成 ／

11　在小苗和花盆的空隙中填入泥土固定。高度一定要注意，不得超过水位线。

12　用一次性筷子轻轻地压实土壤，出现空隙时就再添一些土。用力压实，不用担心会伤到小苗。

13　浇足水，换盆就算大功告成啦！花盆的大小、肥料的用量，不同的植物之间会有差异，换盆前务必仔细阅读相关资料。

植物课堂 2

混栽技巧——观叶植物篇

娇嫩的观叶植物汇集在一起，看起来就好像一团花束！
下面我们就来学习混栽矾根、玉簪花等耐阴植物的方法。

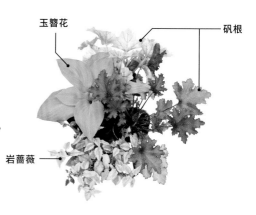

玉簪花　　矾根　　岩蔷薇

1 把小苗暂时放入花盆。熟练以后，可以将长得相对高的植物放在花盆里侧，这样操作起来更方便。

2 按照第 76~77 页的步骤，在花盆里铺塑料网、钵底石，并倒入泥土。泥土的量，以长得最高的小苗为基准。

3 从颜色和形状来看，矾根更适合做混栽的主角。一边往花盆里装土，一边调整植株的高度。然后按照自己喜欢的形状、角度，把剩余的小苗也移入花盆中。

4 比较矮小的植株下方，可以适当多加一些土，填土的同时，固定所有小苗的位置。最后调整表面土壤，使其达到相同高度。

5 混栽时植物间比较容易出现空隙，可以一手扶住叶子，另一只手倒入土加以固定。

6 与前面的操作一样，用一次性筷子压实花盆边缘的泥土。一定要记得留出水位线。

7 中间部分很容易被忽略，记得不要忘记填实泥土。填完土后，花盆会变得比较重，所以一定要选择轻质土壤。

8 用一次性筷子在花盆中央来回压实，直到不再下沉即可。

\ **完成** /

9 浇足水，换盆就算大功告成啦！混栽不仅外表美观，还能节省空间，是阳台花园中不可缺少的存在。

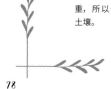

植物课堂 3

混栽技巧——多肉植物篇

混栽多肉植物的乐趣无穷无尽。

把不同颜色、不同形状的多肉放在同一个花盆里，

不但节省了空间，还非常漂亮、惹人怜爱。

1　准备好多肉植物、钵底用的塑料网和石子。初学者可以选择不同颜色的多肉，这样搭配起来更容易。

2　从育苗盒中取出植株，分开土球，使植株分离。这个过程不需要用力，植株会自然分离。分不开时，可以按照下一个步骤操作。

3　土球无法自然分离时，用手指轻轻地剥离泥土。就像梳理头发一样轻轻剥离，不需要的泥土自然而然会掉落下来。

4　需要混栽的多肉已经"分解"完毕，如图整齐排成一排。过程中掉落的小芽不要扔掉，先放在一边。

5　把所有的小苗聚集在一起，用手握紧固定。

6　将小苗一齐插入花盆（如果放不进去，可以重新握住调整一下，再试着放入花盆）。用手指压实土壤，这一步就完成了。

7　最后用椰棕丝做布置，椰棕丝不光是铺在土壤表面，还要用手压入土壤起到固定作用。

~ 完成 ~

**掉下的小芽
放回育苗盒**

多出来的泥土放回育苗盒。然后把掉落的小芽横放在土壤表面，在其上方稍微撒些泥土。记得先不要浇水。过一阵子，它们会长出根来，然后再将它们移到花盆中种植。

8　椰棕丝还能防止尘土飞扬。对于多肉植物而言，即使花盆没有排水孔也不碍事，但浇水时务必要注意不要浇过头。

植物课堂 4

播种技巧

如果想自己用种子培育小苗，通常是在花盆中播种。
不过，在阳台上育苗难度比较高……
我们可以试试用石棉培育。

石棉

石棉原是一种用作绝热、隔音的人工矿物纤维。最近商家开发出了颜色可爱的育苗用石棉，很多人会把它放在桌上进行育苗。

1 准备好石棉、吸水用的托盘以及种子。石棉取出需要的量，剩下的留在袋子里。

2 用牙签或竹签不尖的那头，在石棉正中央戳一个可以把种子埋进去的小洞（2~3毫米深）。

3 每个小洞里装 2~3 粒种子，用牙签把它们塞进去。注意用力不要过猛。每个石棉小方块按相同步骤操作。

4 用喷雾器喷水，每个石棉小方块都要彻底湿润。直到小苗发芽前，都要确保托盘一直有水。

5 把潮湿的石棉小方块移到阳台。如果想种子快点发芽，可以把它放在室内。待发芽后，把种子连同小方块一起埋入花盆。

植物课堂 5

如何识别健康的小苗

阳台环境与庭院相比稍显逊色，所以比起种子，更推荐直接购买小苗种植。如果用手拨动小苗，小苗就左右摇摆，或生长缓慢，叶子颜色较淡，都说明这棵小苗不够健壮，尽量不要购买。

植物课堂 6

分株技巧

植物逐渐长大，如果营养不足，植株就会发育迟缓，

而且会有越来越多的叶片得不到阳光的照射。如果植株长得过密，就说明是时候该给它分株了。

所谓分株，是指将长大的植株，分离成多株进行栽培的繁殖方法。

1 满溢花盆、长势喜人的可爱多肉。虽然看起来长得很茂盛，但其实它的下方已经得不到充足的营养，是时候该为它分株了。

2 把植株从花盆中取出，捧在手里。只需稍稍用力，土球就会自然裂开，这样植株也就分开了。

3 按照第 76~77 页的步骤，为植株备好花盆，并把它们栽种到盆内。在空隙里填好土，让多肉扎实地待在花盆里。

4 用手指按压土壤表面，保证没有根系露在外面。因为松过土，根系很容易外露，所以操作时需要格外留意。

\ 完成 /

5 多肉的分株完成，分成了两盆。在第 2 步的操作中，不慎落下的小芽，可以按照第 79 页的方法培育成小苗。

技术指导 田中女士

Joyful 本田新田店园艺中心的销售员兼讲师。她本人也是一位阳台园丁，种有各类植物，并能将园艺与家务融合在一起，比如"把罗勒种在花盆里，待它发芽了，就摘一些吃，顺便也当疏疏苗"。其中，她尤为擅长多肉植物的混栽。

开心地养花！愉快地赏花！

阳台花园的推荐植物

PART 1

首先介绍比较好养的植物品种

观叶植物图鉴

有着出众叶片的观叶植物，好看而且实用的草本植物，

以及适合全年观赏的多肉植物。

下面介绍的植物，是从众多阳台园艺爱好者们喜爱、实际种植的植物中精选出来的。

每一株植物都美得像是一幅画，园艺新手可以先从种植这些植物开始！

观叶植物

这类植物需要经常浇水，

但你可以从培育它们的过程中获得无限乐趣。

它们都属于高人气的室内绿化植物。

矾根

光照不佳的地方照样可以种植，叶片颜色变化丰富，有红色、银色、橙色、紫色、黑色，常用来做植物组合盆栽。在阳台栅栏内侧等遮阴处种植，均能生长良好。

常春藤

五加科常绿攀缘灌木，会长出长长的藤蔓。具有很强的耐热耐寒性，没有直射阳光照样能够生长茂盛。属于最为常见的室内绿化植物，非常适合作为混栽盆景中的点缀植物。

卷叶榕

垂叶榕的品种之一，自然卷曲的叶子甚是可爱。喜欢光亮、通风良好的地方。叶片呈浓绿色，新芽则为浅绿色，不同的叶色令人赏心悦目。卷叶榕不耐寒，所以冬季需要放到室内养护。

纽扣藤

藤蔓无限生长的蓼科植物。细长的茎秆呈现红褐色，具有光泽，好像铜丝，其上密生1厘米左右的卵形叶片，分枝多，叶茂盛。不适合在高温高湿的环境下种植。

橄榄树

橄榄树在大家的普遍意识里属于果树，然而其漂亮的银色叶片，反而让它成为阳台植物的新宠。它喜欢在向阳处生长，注意切勿浇水过量。树高可达3米，需要定期修剪。

天使泪

一种原产于地中海岛上的常绿多年生草本植物。纤细的茎匍匐于地面，其上密生3毫米宽的小叶。喜欢日照，但要避免强光直射。喜湿，不耐干燥。

灰绿冷水花

攀缘性植物。小小的银色系圆叶片，在马口铁花盆的衬托下，充满了岁月感。植株横向可长至30~50厘米宽。不耐阳光直射，建议放在明亮、通风处栽培。

银荆

金合欢属在全世界有1200种之多，广泛分布于热带和温带地区，银荆属于其中一种。早春绽放的一簇簇毛茸茸、金灿灿的可爱黄花，随风摇曳，甚是可爱，为阳台拉开了春天的序幕。

黑三叶草

也叫四叶草、黑色车轴草。喜光，在阳光充足的地方生长繁茂，但夏季适合移到明亮通风的遮阴处栽培。与纽扣藤的生长环境类似，适合一同混栽。

甜蜜藤

掌状5小叶，边缘有锯齿，随枝条下垂，是优良的攀缘性、常绿多年生草本植物。喜光，也可以在明亮的背阴处生长。植株可长至10米，可适当对长得过长的枝条进行短截。

蔓越莓

杜鹃花科常绿小灌木的总称。在西方的感恩节布置中，总是会发现它们的身影。喜欢湿润的土壤和半阴的环境。冬季叶片会变成紫色，与其他植物混栽形成色差美，颇受人们青睐。

草本植物

园艺初学者也能轻松上手。
除了外观好看,它们还能在烹饪等其他领域大显身手!
你能在种植当中充分享受园艺的乐趣。

牛至

意大利菜中的灵魂香料。全日照和半日照环境均能适应。具有较强的耐寒性,但对夏季高温高湿的耐受性较差。虽说牛至比较好种,但它对环境还是有一定的要求,如果种了几次都全部枯萎,那么适时放弃一样很重要。

薄荷

对环境的适应性较强,拥有极强的繁殖能力,冬季即使被冰雪覆盖,其根茎依然能宿存越冬,待来年春天再度萌芽。由于薄荷不耐旱,假如发现土壤干燥,就要及时浇水。但也要注意不能一次浇水过多,以免根系腐烂。

百里香

常绿半灌木,茎多数匍匐或向上生长。具有较强的耐寒能力,但对夏季高温高湿环境的耐受性较差,所以在梅雨季前可以适当修剪,改善其内部的通风条件。它不但能够拿来做香料,干燥后还能做室内空气芳香剂。

香菜

泰国菜中极为常见的一种香料。平常作为食材,售价相对较高,这也是希望大家在阳台上种植的原因之一。注意保持土壤湿润,切忌干燥。适合在春秋两季播种,取其叶片食用。

九里香

种植的关键在于选择透水性能良好的土壤。九里香喜欢光照充足的地方,但要避免强光直射,夏季可适当移到半阴处养护。耐寒温度为5℃,有些地区条件允许,甚至可以在阳台上过冬。

高山草莓

草莓的一种。喜欢日照充足、通风良好的环境。随着植株生长,根状茎上会发出匍匐在地面的走茎,茎端会开花,结出红色小果。

迷迭香

茎能无限生长,叶也会不断增多。一整年都能采集它们的叶片食用。叶片干燥后,可以制成香草茶或香料。植株的生长高度从20厘米到2米不等,秋季直至春季会开淡色小花。

多肉植物

多肉植物不仅外形可爱、容易栽培，
而且还非常耐寒！它能和废弃的杂货互相搭配，
是阳台花园上必不可少的存在。

吊灯花属 / 爱之蔓

萝藦科植物。叶子呈可爱的心形，叶背为紫红色。长长的茎蔓自然下垂，非常适合悬挂。秋季开出淡绿色的花，冬季会稍有落叶。生长速度较快，建议每年换一次盆。

风车石莲属 / 白牡丹

景天科植物。洁白肥嫩的叶片十分讨喜，有时会出现轻微的粉色，紧密排列成一朵花的形状，饱满厚实。非常好养护，只需在土壤干燥后浇水即可，即使等到叶片干皱再浇水也不迟。

风车草属 / 胧月

景天科植物。叶片肥厚，略带淡粉色，在枝顶簇生成莲座状。生长旺盛时，分枝会形成群落。让茎沿着石墙下垂，会长得愈加健壮。可简单地用叶片扦插繁殖，非常适合新手。

景天属 / 乙女心

景天科植物。叶子修长圆润，好像软心豆粒糖，颜色翠绿。叶片顶端略带红色，宛若娇羞的少女，日语中的乙女，也正是"少女"的意思。茎干直立，属于传统品种。

景天属 / 白霜

景天科植物。好似有白霜覆在叶片表面，簇生成莲座状，像一朵朵绽放的小花，容易群生。适合在温度较低的季节生长，不耐夏季暑热，建议定期疏苗，加强通风。

伽蓝菜属 / 大叶落地生根

景天科植物。叶片呈鲜绿色，锯齿状的叶缘会长出整齐美观的不定芽。这些不定芽会产生一个有趣的现象，落地即能生根长成植株。许多人会用它来引发孩子们探索自然的兴趣。

铁兰属 / 松萝凤梨

凤梨科植物。茎长纤细，下垂生长。密被银灰色鳞片。喜欢明亮、湿度高的环境，但要避免阳光直射。又名"西班牙苔藓"（Spanish moss）。该植物还有粗叶与细叶的品种之分。

一年四季每天都有花赏

鲜花图鉴

滝井种苗公司创立于 1835 年，不仅受到花迷们的青睐，
一直以来也是农户们的心头好。
该公司的育苗技术已达到世界领先水平，
单其开发的品种就超过 2000 种！
下面就由滝井种苗公司，给大家介绍他们精挑细选出来的花卉，
希望从此你家的阳台也能成为花的海洋。

四季海棠 "BONNBORIINA" 系列

By 滝井种苗

清爽的绿色小叶，与艳丽的花形成鲜明对比，并且这种可爱的重瓣四季海棠的花期会持续很久。

● 种苗栽种时间：4~9 月

相当耐热，生命力强，是一种比较好养的多年生草本植物。2 厘米左右的球形重瓣花，竞相开满枝头，好像为植株裹上了一件花衣裳。该品种具有四季开花的特性，从春天到秋天不间断开花。除此之外，花瓣的摘除工作相比其他品种也相对简单，非常适合阳台种植。

SPRING

春季盛开的三大最佳花卉

矮牵牛 "GYUGYU" 系列

● 种苗栽种时间：4 月下旬~5 月前后

花径较小，花量超多。由于节间短，分枝能力旺盛，所以能形成圆形顶，花朵盛开时几乎能覆盖整个圆顶。该品种是针对日本国内环境专门开发的，所以较能适应梅雨季和夏季酷暑，可适当修剪，花期从春天到秋天可以连续不间断。

By 滝井种苗

花径约 4 厘米，其中尤以颜色鲜艳的品种居多，该系列的花量超大，几乎能开满枝头。

石竹花 "TELSTAR"

By 滝井种苗

小型的石竹花，适合单独栽种，也适合混栽，用途多种多样，在世界各地都颇受欢迎。

● 种苗栽种时间：4 月中旬~5 月中旬

石竹花播种时间较长，并且能在短时间内形成花蕾，四季开花不断。耐寒耐热，可以露地栽培。尽量在光照充足的地方种植。当植株高度生长到 15~20 厘米时，就会开始开花。当发现土表干燥时，就要充分浇水，直到有水从盆底流出。

GREEN TRIVIA

小 知 识

摘心

摘心是促进植株生长的手段之一。可用手摘取长茎端的芽，或用剪刀剪下。摘心后，茎的侧芽会更易生长，植株随之横向拓宽，变得更为茂密。

向日葵"SUN RICH"系列

By 滝井种苗

2015 年，荷兰梵高美术馆搭建的向日葵迷宫，其中所用的 12.5 万株向日葵，采用的正是该品种。

● 播种时间：4~8 月

按照从播种至开花所需时间不同，分为 45 天、50 天、55 天三种品种。植株高大，单株单朵，不产生花粉，适合做鲜切花。还可以用来做室内布置或捧花，是一种品质极高的鲜切花品种。

美人蕉"TROPICAL"系列

By 滝井种苗

这种以播种形式种植的美人蕉，株高较矮，是滝井种苗公司独有的专利品种。非常耐热，从初夏到秋季，都能令我们欣赏到它的美丽。

● 种苗栽种时间：4~7 月

原产于亚洲热带地区、非洲、中南美洲的多年生草本植物。利用种子繁殖，株高约为 40~60 厘米，较矮，属于专利品种。最短可在 75 天内开花。非常耐热，从初夏至秋季，都能为阳台增添一抹亮丽的热带风景。

SUMMER
夏季盛开的三大最佳花卉

鼠尾草"FUJI PURUKO"系列

By 滝井种苗

该品种曾在美国最具权威的园艺种子比赛中获奖。

● 种苗栽种时间：5~6 月

株型紧凑。耐夏季酷暑，容易种植。从夏季到秋季，花苞陆续开放，是极具人气的品种。

GREEN TRIVIA
小 知 识

短截

短截是将长得过长的枝条或茎秆，剪去顶端部分的一种修剪方法。通过短截，可以使植株变得小而精致，并改善通风透光条件。和摘心一样，经过修剪，茎上会冒出新的侧芽，亦能增加花芽数量。

大波斯菊"SENSATION 混合"系列

By 滝井种苗

该品种可以直接播种种植。花朵看起来温婉娇弱，却有着意想不到的顽强生命力。第一次尝试播种养花的朋友，我推荐用这款草花入门。

● 播种时间：4~8 月

该品种最为常见，花径约 8 厘米。植株长到 1 米多高后即能开花，属于早开品种。非常适合做鲜切花。播种后 60~90 天开花。

By 滝井种苗

该系列的花，花期长，花量大，可全年观赏。花瓣别致，惹人怜爱，植株生长紧凑。

三色堇"Floral Power"系列

AUTUMN

秋季盛开的三大最佳花卉

● 种苗栽种时间：10 月

秋季播种的一年生草本植物。花色丰富多样，花期长，由于植株较矮，也不会过多地横向延展，因此非常适合在阳台或花坛栽种。另外，及时摘除凋谢的残花，能够促使三色堇不断开花，让它生机勃勃，可爱动人。

大花三色堇"Nature"系列

By 滝井种苗

该品种从秋季到冬季能够持续不断开花，耐寒，植株健壮，且分枝多。花量大，花径约 4 厘米。

● 种苗栽种时间：10 月

该品种花色丰富，容易种植，不仅适合在阳台种植，很多人还会用它来混栽或悬挂等。大花三色堇生命力旺盛，耐寒，在有些地区甚至冬季也能开花，这也是它的魅力之一。正在犹豫自己应先种哪种花的朋友，不妨试试它。

GREEN TRIVIA

小 知 识

间苗

播种后，在新长出的幼苗中，保留壮苗，及时拔除一部分幼苗的操作叫间苗。如果将所有新长出的幼苗全部保留，会使幼苗过度拥挤，导致空气流通变差，部分幼苗得不到充足的养分，所以这是一项非常重要的操作。

即使在寒冷的冬季，也能让你在阳台享受园艺乐趣的
当然要数多肉植物了

要想让多肉植物茁壮成长，记得务必在室外种植。让它们沐浴户外的阳光，
吹拂自然的清风。当然，为了方便欣赏，也可偶尔移到室内。

你有没有听说过，多肉植物也会变红?这句话一点没错哦，多肉植物并非一整年都是绿色的，它们真的会变红。春夏两季，多肉植物展示着它们鲜亮的绿装，待秋冬季节一到，它们又会变成另外一个模样，被染上红色或黄色。究其原因，是太阳光所致。

植物的健康生长离不开光、风和水，而其中，光对植物的影响最大。光线较强的季节，多肉植物叶片中的叶绿素会发挥作用，而季节更替光线减弱后，叶绿素则逐渐失去主导地位，换成花青素占领上风。例如名为"红叶祭"的多肉植物，应该也是因其叶片颜色的变化而得名的。正如一到秋天，我们抬头望见变红的枫叶，心头会浮现无尽的遐想。红叶祭也会随着秋色渐浓，逐渐染上红彤彤的颜色，绽放出如烟花般灿烂的光辉，怪不得它会如此受到人们的追捧。

这便是多肉植物，它们一年四季都会以不同的面貌示人。它们会依据身处的气候、环境，展现出千变万化的姿态，每天都能为你演绎意想不到的美丽。养护的要领在于"不需要多费精力，但必须时刻留意"，这是多肉达人分享给我们的经验。多肉植物一般几周才需要浇一次水，不费什么工夫，但你要时刻关心它们的变化。这样一来，不仅多肉可以健康生长，我们也能从中获得无限快乐。

专栏4

阳台花园爱好者们常用的产品

没有大地的滋养,缺乏日光的照射,想要在阳台上栽种花花草草,你的细心呵护就变得至关重要。
下面介绍的,都是园艺爱好者们经常使用的产品,你可以从中挑选适合自己的。

土
只有养分还不够,轻质也很重要

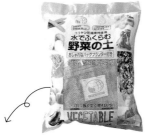

加水即可膨胀的蔬菜种植用土

把该土壤倒入花盆内,加水,10 分钟后,土壤就会膨胀成原来的 6 倍。由于原料以椰棕丝为主,保水性和透气性都非常出色。它属于轻质土,非常适合在阳台上使用。另外,它还可以作为可燃垃圾丢弃,也是亮点之一!/925 日元

悬挂植物用土

虽然适合植物生长的土壤多种多样,但阳台相对而言空间狭小。这款土壤主要以质量轻,适合悬挂植物为特点,植物品种和放置条件不限。/380 日元(6 升)

增强版有机营养土

这款土不仅质量轻,肥料的释放也缓慢持久。其中含有的木炭能防止烂根,而珍珠岩则能提高土壤的透气性和排水性,绝不辜负产品名中的"增强版"三个字。/462 日元(16 升)

肥料
仔细阅读产品说明书后再选购

蔬菜·香草肥料

这款肥料不仅为植物提供生长所需的营养成分,还能确保蔬菜、香草的安全性,让你吃得安心。另外,香草一般不太需要过多营养,因此施肥的量要控制好。/172 日元(175 克 / 袋,施肥面积可达 1 平方米)

花工厂(原液)

缓释型颗粒肥,肥力可持续 3~4 个月,能做基肥,也可做追肥。使用方法非常简单,直接撒在土壤表面即可,不必混到土壤中。能为土壤提供腐殖酸和植物有机养分,使土壤保持活力。/908 日元(1.6 千克)

蔬果家用肥

园艺爱好者们常用的这款产品,一样能在阳台上大显身手。配方中合理配比了适合植物的营养元素,蔬果类植物等也能放心使用。稀释款产品,非常经济实惠。/647 日元(1200 毫升)

蔬菜·果树·花卉液体肥料

肥料浓度过高反而会造成肥害,最终导致植物死亡。使用前务必仔细阅读说明书,按照说明来稀释肥料。该款产品配有计量杯,操作方便简单。/647 日元(500 毫升)

御寒对策

克服冬季严寒和强风!

塑料温室

植物过冬不可缺少的小型温室。该款产品总共有 3 层，可放置的盆栽数量超出你的想象。构造简单，组装起来也比较容易。/4612 日元（长 69 厘米 × 宽 49 厘米 × 高 126 厘米）

小苗防护盖

可以保护小苗抵御大雨。由于是罩住苗木的款式，追肥也比较容易。它不仅能为苗木保湿、防寒，还能起到防虫、防鸟的作用。防护盖顶已预先设计了换气孔。/649 日元（5 个装，直径 30 厘米 × 高 22 厘米）

防风网

阳台上风难免比较大，所以希望大家都在家中常备防风网。它除了能防止大风对植物造成危害，还能挡住风吹来的尘土。/1065 日元（网眼约 4 毫米，大小约宽 2 米 × 长 5 米）

防虫、防风、抗寒的罩子套装

使用方法很简单，在小苗周围找 4 个点，插入支柱，再铺上塑料罩即可。这样可以保护移栽的树苗，在尚未充分长好根时，抵御大风和寒冷天气的侵扰。/380 日元（5 套）

便利&别出心裁

5样推荐物品

安全的醋

能预防植物得病和虫害侵扰，同时还具有杀虫的效果。这款醋 100% 可食用，所以即使在收获前也可以使用。另外，醋还能使植物更具活力。/815 日元（100 毫升）

定时浇水器

利用水在细管中能克服地心引力上升的毛细现象，让适量的水渗入花盆。即使人不在家，也能为植物浇水。需要事先准备一个空的塑料瓶。/462 日元（L 号）

钵底的炭

代替钵底石使用。能赶走鼻涕虫等害虫，还能有效防止杂菌的繁殖，使用后可以混在土壤中，充当土壤改良剂。/362 日元（5 升）

恢复土壤活力的小能手

只需混合在旧土中，就能使 5 个宽幅 65 厘米大小的花盆重新保有充足的肥力，并营造适合植物生长的环境。土壤得到循环利用，经济又环保。/380 日元

反光罩

能通过光的反射预防虫害。除此之外，还能防止杂草生长，以及土壤的干燥问题。对土壤具有保温作用，适合用于花盆。/284 日元（M 号：31 厘米 ×43 厘米；L 号：34 厘米 ×63 厘米）

后记

Epilogue

每日生活节奏匆忙的朋友们，你们的身边有没有足够的植物让你放慢脚步？

清晨，你是否精神饱满地迎接新一天的到来呢？

你的家能不能为你提供如同咖啡店一样舒适的环境呢？

如果你感到累了，有没有那样一个地方，能让你安静地放松身心呢？

你想不想让植物来滋润你的心灵？

对于我们现代人而言，阳台花园已逐渐成为必不可少的存在。

植物每天都会发生细微的变化。

换句话说，这本书里介绍的阳台，

也在每时每刻发生着变化。

昨天，今天，明天。

我们养育植物让它们逐渐长大，

说不定，我们反过来也因植物而获得了自身的成长。

在这样一个小小的阳台空间内，

让我们一起开始新的探索与发现吧！

温馨提示：本书中刊载的商品并非全部可以购买。
另外，也有商家无法提供海外配送服务。请知晓。